JN202640

つかえる
特殊関数入門

半揚稔雄
Hanyou Toshio

日本評論社

はじめに

物理学や工学において，数学はツールとしての役割を担っている．そしてその内容が高度化すれば，それに呼応するようにツールとしての数学も高等なものになり，その深い素養が求められるようになる．そのようなとき数学書を手にしてみると，その敷居の高さに戸惑いを覚えることも確かであろう．

この敷居の高さはどこからくるのであろうか？ 概して数学書では，まず命題が示され，つづいてその証明というスタイルをとることが多いように見受けられる．数学の研究者であれば，提示された命題に対して数学的議論を展開することはさして疑問を抱く余地はなかろう．

しかし，数学をツールとする立場としては，この高尚さゆえに，あまりしっくりした気分になれないのも事実である．このしっくり感のなさはどこから来るのかと考えてみると，命題として示された事柄の成り立ちの所以であるように思われる．どのような経緯を経てこのような命題が提示されるに至ったのか？ それにはそれ以前にそのように提示されるまでの道筋があったはずだ！ との疑問がわいてくる．

世に多くの数学書が溢れているが，その中でこの疑問に応えてくれる書物はそう多くはなく，なかでも小平吉男著『物理数学第一巻，第二巻』(岩波書店，1948 年／復刻版：現代工学社，1974 年)に出会ったとき，まさにこれだ！ と思ったのを記憶している．ほかの数学書を参照せずとも，流れに乗って川を下るように最後の目的地まで運んでくれる，こんな数学書がもっとあっても良いのではないかとさえ思える．

本書で取り上げる“特殊関数”は，物理学や工学の分野でお目にかかる関数の中でもかなり難解なものの一つである．どのような場面で登場するかといえば，太鼓の膜の振動，熱伝導の問題，有限な天体による引力ポテンシャル(本書カバーの図のモチーフとなっている)，静電場における境界値問題，さらには量子力学での中心力場問題，流体力学における水の波の問題や高速流中の細長い物体の問題といった具合である．いずれの問題も基礎方程式は微分方程式で記述されるので，これを解く過程で姿をあらわにし，具体的にはベッセル関数とかルジャンドル関数と呼ばれるものなどである．これらの関数は物理数学や微分方程式などの専門書で扱われることが一般的で，中には真正面から“特殊関数”と銘打つ書物もあり，いずれの場合もその記述は初学者にとってはしっくりし難いように思われる．

本書では，できるだけ前述の疑問とするところを掘り起こし，“数学のユーザー”としての立場から議論を進めていく．基礎知識としては，大学初年度における微分積分学のみを想定した．

また，記述はできるだけ平易であることを旨とした．したがって，式の変形や展開においてはその煩雑さをいとわずにできるだけ具体的に書き記すので，読者自身がペンを取り，計算の流れをたどりながら論理の進め方や考え方など，追試されることをお勧めする．そうしているうちに自然となじんで，理解度は一歩も二歩も前進するであろうと確信している．

最後に，本書は，現代数学社発行の月刊誌『理系への数学』2012 年 6 月号～2013 年 2 月号，および『現代数学』2013 年 3 月号～6 月号，8 月号～12 月号の計 18 回にわたる連載を単行本化したものである．単行本化にあたっては，現代数学社の富田淳社長から快くご承諾をいただいたことと，編集作業では日本評論社『数学セミナー』の入江孝成編集長に終始適切な助言を戴いた．ここに記して両氏に感謝の意を表したい．

そして，末筆となってしまったが，そもそも“特殊関数”に関する連載の企画を持ち掛けられたのは現代数学社初代社長故冨田栄氏であった．氏の一言によってこのような著作が結実し得たことに深く感謝するとともに，心からご冥福をお祈り申し上げる次第である．

2018 年 7 月 7 日　　著者識

目次

はじめに………i

序
特殊関数とは 001

第1章
ガンマ関数 004

1.1 ガンマ関数の定義………004
1.2 ガンマ関数の無限乗積表示………007
1.3 ガンマ関数の相反公式………011
1.4 スターリングの公式………017
1.5 ガンマ関数とその導関数の関係………019

第2章
ベッセル関数とその満たす方程式 021

2.1 惑星の運動とベッセル関数………021
2.2 ベッセル関数の級数表示………031
2.3 ベッセルの微分方程式………043

第3章
ベッセルの微分方程式の一般解 046

3.1 位数 ν が正の非整数の場合………046
3.2 位数 ν が正の整数の場合………050

第4章

ベッセル関数の性質 060

4. 1 ベッセル関数の母関数と加法定理………060
4. 2 ベッセル関数の漸化式………065
4. 3 ベッセル関数の直交性………068
4. 4 変形ベッセル関数………072
4. 5 変形ベッセル関数の漸化式………079

第5章

太鼓の膜の振動 083

5. 1 膜の波動方程式………083
5. 2 波動方程式の極座標表示………085
5. 3 円形膜の振動………087

第6章

ラプラスの方程式 100

6. 1 ポテンシャルとその満たす方程式………100
6. 2 ラプラスの方程式の極座標表示………103
6. 3 ラプラスの方程式の円柱座標表示………108
6. 4 ラプラスの方程式の解法………110

第7章

ルジャンドルの陪微分方程式の解 117

7. 1 ルジャンドルの微分方程式とその解………117
7. 2 ロドリゲスの公式………120

7. 3　ルジャンドル多項式………125
7. 4　ルジャンドル陪関数………128
7. 5　球面調和関数とラプラスの方程式の解………131

第**8**章
ルジャンドル関数の性質 ―― 135

8. 1　ルジャンドル多項式の母関数………135
8. 2　ルジャンドル多項式の漸化式………137
8. 3　ルジャンドル多項式の直交性………139
8. 4　ルジャンドル陪関数の漸化式………143
8. 5　ルジャンドル陪関数の直交性………145
8. 6　ルジャンドル多項式の加法定理………148

第**9**章
不均質な天体の外部ポテンシャル ―― 157

9. 1　ラプラスの方程式の解を応用する方法………157
9. 2　ルジャンドル多項式の加法定理を応用する方法………161

参考文献………165
索引………166

序

特殊関数とは

関数というとき，それは大きく分けて初等関数と高等関数に分類される．まず初等関数であるが，それには多項式関数，分数関数，無理関数といった代数関数と，三角関数，指数関数，対数関数，双曲線関数，逆三角関数，逆双曲線関数などの超越関数が含まれる．

一方，高等関数には，ガンマ関数，ベータ関数，ベッセル関数，ルジャンドル関数，楕円関数，超幾何関数，誤差関数，ゼータ関数などといったものが挙げられる．

そして，表題にある特殊関数というときは，一般に高等関数の中のベッセル関数，ルジャンドル関数，楕円関数を指すことが多く，その定義を手許にある『岩波数学辞典(第2版)』(1968年発行)で確かめてみると，つぎのようである．

特殊関数とは，「1) ガンマ関数およびこれと関連した諸関数；2) 初等関数の不定積分で表されるフレネル積分，誤差関数，対数積分など；3) 楕円関数；4) ラプラスの方程式などを各種の曲線座標で変数分離して得られる2階線形常微分方程式の解」とあり，一般的な意味での特殊関数の定義が示されている．本書では狭義の意味での特殊関数，ことに上記4) の分類に属するベッセル関数とルジャンドル関数のみを扱う．

本論での展開では，一部に1) のガンマ関数を利用するような箇所もあるので，第1章で必要最小限の範囲で簡単に述べるに止める．そのガンマ関数であるが，以下にその由来について若干ふれておきたい[1)]．

ガンマ関数は，そもそもレオンハルト・オイラー(Leonhard Euler)の22～23歳にかけて行った数学的考究に関連して生起した積分

1) この部分の記述は，ジュリアン・ハビル(新妻弘監訳)：『オイラーの定数ガンマ――γで旅する数学の世界』，共立出版(2009)，による．

$$\int_0^1 \left\{\ln\left(\frac{1}{r}\right)\right\}^{x-1} dr$$

に端を発している．この積分は0より大きい実数 x に対して収束し $x>0$ の範囲で x の関数となることが知られており，アドリアン・マリ・ルジャンドル(Adrien Marie Legendre)によって $\Gamma(x)$ の記号が与えられた．つまり，

$$\Gamma(x) \equiv \int_0^1 \left\{\ln\left(\frac{1}{r}\right)\right\}^{x-1} dr = \int_0^1 (-\ln r)^{x-1} dr \qquad (x>0)$$

である．ここで，$t=-\ln r$ と置くと $r: 0 \to 1$ のとき $t: \infty \to 0$ であり，また $dt=-\dfrac{dr}{r}$，つまり $dr=-rdt=-e^{-t}dt$ であるから，上式は

$$\Gamma(x)=\int_0^\infty e^{-t}t^{x-1}dt \qquad (x>0)$$

と書き換えられる．これが，通常，ガンマ関数の定義として掲げられる式である．第1章では，この定義から始めてオイラーの定数で締めくくるところまでを述べる．

第2章以降ではベッセル関数とルジャンドル関数のみを取り上げるが，これらの関数は物理学の諸分野や機械，電気，航空宇宙などの工学の分野に多く登場し，応用上きわめて重要な関数である．

ベッセル関数は2.1節で詳しく述べるように，18世紀における惑星の運動に関する研究から発見された経緯がある．惑星の位置を時間の関数で表そうとするときケプラーの方程式と呼ばれる超越方程式に遭遇するが，この方程式の級数解の係数にあらわれるのがベッセル関数である．その後，ベッセル関数はラプラスの方程式を円柱座標で表示した方程式を変数分離して得られるベッセルの微分方程式の解として再登場する．

ベッセル関数があらわれる身近な現象には円形の太鼓の膜の振動が挙げられ，これについては第5章で詳細に扱う．

一方，ルジャンドル関数であるが，第6章および第7章で詳述するように，こちらは天体の万有引力に基づくポテンシャルを表すラプラスの方程式がその発端となっている．この方程式を解くに当たって，球対称である

と想定されることから極座標による表示を導入し，変数分離することでルジャンドルの陪微分方程式が導かれ，それを縮約したルジャンドルの微分方程式からその級数解として出現してくる．

ルジャンドル関数の現実的な応用としては，第9章に述べる地球のような不均質な天体の外部ポテンシャルの表示に適用され，地球などの近傍を周回する人工衛星の軌道運動の解析に役立てられている．

第1章

ガンマ関数

1.1 ガンマ関数の定義

ガンマ関数の定義にはいろいろな表示があるが，ここで示すのは序でも述べたようにルジャンドルの命名による**第2種オイラーの積分**(Euler's integral of the second kind)と称するものである．つまり，

$$\Gamma(x) \equiv \int_0^\infty e^{-t}t^{x-1}dt \qquad (x>0) \tag{1.1}$$

で定義する関数を**ガンマ関数**(gamma function)という．

まず，この関数の特性を見るために，x に正の整数 $n+1$ を代入してみよう．すると，(1.1)式は

$$\Gamma(n+1) = \int_0^\infty e^{-t}t^n dt = \lim_{s\to\infty}\int_0^s e^{-t}t^n dt \tag{1.2}$$

となって，広義積分の形式に表されることになる．

この積分の実行には，明らかに部分積分法が利用できる．その際，e^{-t} は微分しても積分しても $-e^{-t}$ となって前の符号が変わるだけであるが，t^n の方は微分するごとに次数を1だけ下げると同時に微分前の次数の値が係数としてその前に掛かってくるようになる．したがって，t^n の微分を n 回繰り返すとその結果は $n(n-1)(n-2)\cdots 2\cdot 1 = n!$ となることが予想され，また同時に，最終的にはこの値を係数にもつ e^{-t} の積分のみとなることが推察される．こうした見通しの下に(1.2)式の最右辺の定積分の箇所のみを積分すると，

$$\int_0^s e^{-t}t^n dt = \left[-e^{-t}t^n\right]_0^s + n\int_0^s e^{-t}t^{n-1}dt = -e^{-s}s^n + n\int_0^s e^{-t}t^{n-1}dt$$

となる．ここで，$\dfrac{s}{n}=u$ と置けば，最右辺第1項は $s\to\infty$ とするとき

$$\lim_{s\to\infty} e^{-s}s^{n}=\lim_{u\to\infty} e^{-nu}(nu)^{n}=\lim_{u\to\infty}\left(\frac{nu}{e^{u}}\right)^{n}\to\frac{\infty}{\infty}$$

となって不定形となるが，ロピタルの定理を使って分子分母を u で微分してから極限をとれば

$$\lim_{u\to\infty}\frac{nu}{e^{u}}=\lim_{u\to\infty}\frac{n}{e^{u}}=0$$

となるので，最終的には

$$\lim_{s\to\infty} e^{-s}s^{n}=0$$

となる．したがって，(1.2)式は

$$\Gamma(n+1)=\int_{0}^{\infty}e^{-t}t^{n}dt=\lim_{s\to\infty}\int_{0}^{s}e^{-t}t^{n}dt$$

$$=\lim_{s\to\infty}\left(-e^{-s}s^{n}+n\int_{0}^{s}e^{-t}t^{n-1}dt\right)=n\int_{0}^{\infty}e^{-t}t^{n-1}dt=n\Gamma(n),$$

つまり

$$\Gamma(n+1)=n\Gamma(n) \tag{1.3}$$

となる．そこで，この関係を繰り返し使うと

$$\Gamma(n+1)=n\Gamma(n)=n(n-1)\Gamma(n-1)=\cdots\cdots$$
$$=n(n-1)(n-2)\cdots 2\cdot 1\cdot\Gamma(1)=n!\,\Gamma(1)$$

を得るが，ここで

$$\Gamma(1)=\int_{0}^{\infty}e^{-t}dt=\lim_{s\to\infty}\int_{0}^{s}e^{-t}dt=\lim_{s\to\infty}\left[-e^{-t}\right]_{0}^{s}=\lim_{s\to\infty}(1-e^{-s})=1,$$

つまり

$$\Gamma(1)=1 \tag{1.4}$$

であるから，結局は

$$\Gamma(n+1)=\int_{0}^{\infty}e^{-t}t^{n}dt=n!,$$

すなわち

$$\Gamma(n+1) = n! \tag{1.5}$$

となる．この結果から逆に，階乗は定積分で表すこともできることがわかる．ただし，n は正の整数であることに注意しよう．

次に，(1.1)式を拡張することを考えよう．それには(1.5)式を考慮して n を実数とみて新たに x と置いてみる．すると

$$\Gamma(x+1) = \int_0^\infty e^{-t}t^x dt = x! \qquad (x > -1) \tag{1.6}$$

と表されるが，この式で定義される関数 $x!$ を**階乗関数**(factorial function)と呼ぶ．このとき，(1.6)式に $x = 0$ と置けば

$$\Gamma(1) = 0! = 1 \tag{1.7}$$

となり，(1.4)式と一致することがわかる．

また，ガンマ関数の性質としては，(1.3)式から

$$\Gamma(x+1) = x\Gamma(x) \qquad (x > 0) \tag{1.8}$$

であることは明らかであろう．

また，(1.8)式と(1.7)式から

$$\lim_{x\to 0}\Gamma(x) = \lim_{x\to 0}\frac{\Gamma(x+1)}{x} \to \frac{\Gamma(1)}{0} \to \frac{1}{0} \to \infty \tag{1.9}$$

となるから，x が 0 に近づくとガンマ関数 $\Gamma(x)$ は発散することがわかる．

次に，負の実数 x についての表示を考えよう．それには(1.8)式から

$$\Gamma(x) = \frac{\Gamma(x+1)}{x} \qquad (-1 < x < 0) \tag{1.10}$$

であるから，x が $-1 < x < 0$ の範囲の負の値をもつとき，上式の分子の $\Gamma(x+1)$ の $x+1$ は $0 < x+1 < 1$ であって正の値となるので，正の実数に対するガンマ関数を用いて(1.10)式から求められることがわかる．一般に，x が $-n < x < -n+1$ の範囲の負の実数値をもつときには，(1.10)式を繰り返し使って得られる式

$$\Gamma(x) = \frac{\Gamma(x+n)}{x(x+1)\cdots(x+n-1)} \qquad (-n < x < -n+1) \tag{1.11}$$

から，正値のガンマ関数 $\Gamma(x+n)$ を使って計算できる．つまり，この手法

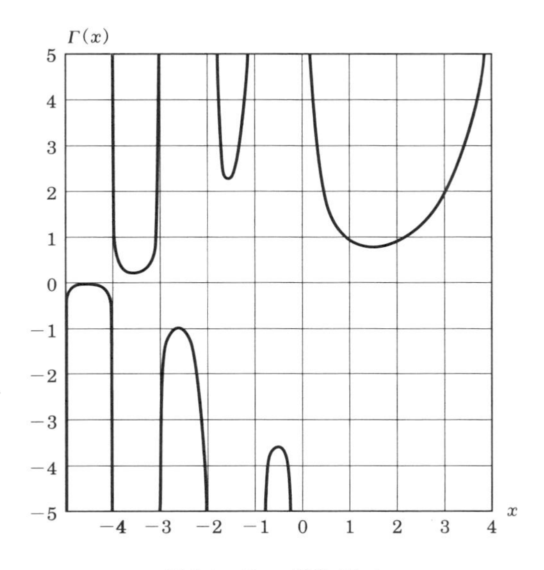

図 1.1　ガンマ関数 $\Gamma(x)$

を無限に続ければ，任意の負の実数に対するガンマ関数の値を求めることができることになる．このようにして得られた式をもとに，ガンマ関数のグラフを描くと図 1.1 のようになる．

1.2 ガンマ関数の無限乗積表示

ガンマ関数の無限乗積による表示を求めてみよう．それには，極限値 $\lim_{h\to 0}(1+h)^{\frac{1}{h}} \equiv e$ を考慮して

$$\lim_{n\to\infty}\left(1-\frac{t}{n}\right)^n = e^{-t}$$

であることに注意すれば，正の整数 n と正の実数 x について

$$\Gamma(x) \equiv \int_0^\infty e^{-t}t^{x-1}dt = \lim_{n\to\infty}\int_0^n \left(1-\frac{t}{n}\right)^n t^{x-1}dt$$

と書けるから，最右辺の積分の部分を $\Gamma_n(x)$ と置いて部分積分を実行すれば

$$\Gamma_n(x) = \int_0^n \left(1-\frac{t}{n}\right)^n t^{x-1}dt = \left[\left(1-\frac{t}{n}\right)^n \frac{t^x}{x}\right]_0^n + \int_0^n \left(1-\frac{t}{n}\right)^{n-1} \frac{t^x}{x}dt$$

$$= \int_0^n \left(1-\frac{t}{n}\right)^{n-1} \frac{t^x}{x}dt$$

が得られる．この操作を繰り返せば，

$$\Gamma_n(x) = \int_0^n \left(1-\frac{t}{n}\right)^{n-2} \frac{n-1}{n}\frac{t^{x+1}}{x(x+1)}dt$$

$$= \int_0^n \left(1-\frac{t}{n}\right)^{n-3} \frac{n-1}{n}\frac{n-2}{n}\frac{t^{x+2}}{x(x+1)(x+2)}dt = \cdots$$

$$= \int_0^n \left(1-\frac{t}{n}\right)\frac{n-1}{n}\frac{n-2}{n}\cdots\frac{2}{n}\frac{t^{x+n-2}}{x(x+1)(x+2)\cdots(x+n-2)}dt$$

$$= \int_0^n \frac{(n-1)(n-2)\cdots 2\cdot 1}{n^{n-1}x(x+1)(x+2)\cdots(x+n-1)}t^{x+n-1}dt$$

$$= \frac{(n-1)(n-2)\cdots 2\cdot 1}{n^{n-1}x(x+1)(x+2)\cdots(x+n-1)}\frac{n^{x+n}}{x+n}$$

$$= \frac{n!\,n^x}{x(x+1)(x+2)\cdots(x+n)} \tag{1.12}$$

のような結果を得る．したがって，$n\to\infty$ とするときには

$$\Gamma(x) = \lim_{n\to\infty}\frac{n!\,n^x}{x(x+1)(x+2)\cdots(x+n)} \tag{1.13}$$

となって，ガンマ関数の無限乗積表示が得られる．これを**ガウスの公式**(Gauss' formula)という．

次に，この式の x を $1-x$ で置き換えてみると

$$\Gamma(1-x) = \lim_{n\to\infty}\frac{n!\,n^{1-x}}{(1-x)(2-x)\cdots(n+1-x)} \tag{1.14}$$

となるから，(1.13)式と(1.14)式の積を考えると

$$\Gamma(x)\Gamma(1-x)$$
$$=\lim_{n\to\infty}\frac{n!n^x}{x(x+1)(x+2)\cdots(x+n)}\frac{n!n^{1-x}}{(1-x)(2-x)\cdots(n+1-x)}$$
$$=\lim_{n\to\infty}\frac{n}{x(n+1-x)}\frac{(n!)^2}{(1-x^2)(2^2-x^2)\cdots(n^2-x^2)}$$

となって，

$$\Gamma(x)\Gamma(1-x)=\frac{1}{x\prod_{n=1}^{\infty}\left(1-\frac{x^2}{n^2}\right)}\qquad(0<x<1)\tag{1.15}$$

のような無限乗積表示が得られる．この関係式は正弦関数と結びついていることが，次節の議論で示される．

次に，オイラーの公式とワイエルシュトラスの公式を導くことを考えよう．(1.13)式を変形するのであるが，その前に次のような式の準備をしておく．すなわち，

$$n^x=\left(\frac{2}{1}\frac{3}{2}\cdots\frac{n}{n-1}\right)^x=\left(1+\frac{1}{1}\right)^x\left(1+\frac{1}{2}\right)^x\cdots\left(1+\frac{1}{n-1}\right)^x$$
$$=\prod_{s=1}^{n-1}\left(1+\frac{1}{s}\right)^x,$$

$$\frac{n!}{(x+1)(x+2)\cdots(x+n)}=\frac{1}{\left(1+\frac{x}{1}\right)\left(1+\frac{x}{2}\right)\cdots\left(1+\frac{x}{n}\right)}$$
$$=\prod_{s=1}^{n}\left(1+\frac{x}{s}\right)^{-1}.$$

したがって，(1.13)式は

$$\Gamma(x)=\lim_{n\to\infty}\frac{1}{x}n^x\frac{n!}{(x+1)(x+2)\cdots(x+n)}$$
$$=\lim_{n\to\infty}\frac{1}{x}\prod_{s=1}^{n-1}\left(1+\frac{1}{s}\right)^x\prod_{s=1}^{n}\left(1+\frac{x}{s}\right)^{-1}$$

から

$$\Gamma(x) = \frac{1}{x}\prod_{s=1}^{\infty}\left(1+\frac{1}{s}\right)^{x}\left(1+\frac{x}{s}\right)^{-1} \tag{1.16}$$

となる．これを，**オイラーの公式**(Euler's formula)と呼ぶ．

また，(1.13)式から上式を使って

$$\Gamma(x) = \lim_{n\to\infty}\frac{1}{x}n^{x}\prod_{s=1}^{n}\left(1+\frac{x}{s}\right)^{-1}$$

と変形されるから，$n^{-x} = e^{-x\ln n}$であることに注意してこの式の逆数をとると

$$\frac{1}{\Gamma(x)} = x\lim_{n\to\infty}e^{-x\ln n}\prod_{s=1}^{n}\left(1+\frac{x}{s}\right)$$

となる．したがって，この右辺に

$$e^{x\left(1+\frac{1}{2}+\cdots+\frac{1}{n}\right)}\prod_{s=1}^{n}e^{-\frac{x}{s}} = 1$$

を掛け，さらに

$$\begin{aligned}\gamma &\equiv \lim_{n\to\infty}\left(1+\frac{1}{2}+\frac{1}{3}+\cdots+\frac{1}{n}-\ln n\right) = \lim_{n\to\infty}\left(\sum_{s=1}^{n}\frac{1}{s}-\ln n\right)\\ &= 0.5772156\cdots\end{aligned} \tag{1.17}$$

で定義する**オイラーの定数**(Euler's constant) γを導入すると，上式は

$$\frac{1}{\Gamma(x)} = x\lim_{n\to\infty}e^{x\left(1+\frac{1}{2}-\cdots+\frac{1}{n}-\ln n\right)}\prod_{s=1}^{n}\left(1+\frac{x}{s}\right)e^{-\frac{x}{s}}$$

となって，

$$\frac{1}{\Gamma(x)} = xe^{\gamma x}\prod_{s=1}^{\infty}\left(1+\frac{x}{s}\right)e^{-\frac{x}{s}} \tag{1.18}$$

とまとめられる．これを，**ワイエルシュトラスの公式**(Weierstrass' formula)という．

1.3 ガンマ関数の相反公式

ここでは少々おもむきをかえて，余弦関数のフーリエ級数による展開を求めてみることにする．というのは，(1.15)式の最後の式の分母が，正弦関数と結びついているという事実を知ることにねらいがあるからである．

一般に，関数 $f(x)$ は周期 2π の周期関数で，三角級数

$$f(x) = a_0 + \sum_{n=1}^{\infty}(a_n \cos nx + b_n \sin nx) \tag{1.19}$$

で表されるものとしよう．このとき，$-\pi \leqq x \leqq \pi$ の範囲で係数 a_0, a_n, b_n を決定することを考える．

まず，(1.19)式の両辺を $-\pi$ から π まで積分してみると

$$\int_{-\pi}^{\pi} f(x)dx = a_0\int_{-\pi}^{\pi} dx + \sum_{n=1}^{\infty}\int_{-\pi}^{\pi}(a_n \cos nx + b_n \sin nx)dx = 2\pi a_0$$

となるから，これより

$$a_0 = \frac{1}{2\pi}\int_{-\pi}^{\pi} f(x)dx \tag{1.20}$$

が得られる．

次に，(1.19)式の両辺に $\cos mx$ (m は正の整数)を掛けて $-\pi$ から π まで積分すると

$$\int_{-\pi}^{\pi} f(x)\cos mx\,dx = a_0\int_{-\pi}^{\pi}\cos mx\,dx + \sum_{n=1}^{\infty}\int_{-\pi}^{\pi}(a_n \cos nx + b_n \sin nx)\cos mx\,dx \tag{1.21}$$

となる．ここで，$n \neq m$ ならば

$$\int_{-\pi}^{\pi}\cos nx \cos mx\,dx = \frac{1}{2}\int_{-\pi}^{\pi}\{\cos(n-m)x + \cos(n+m)x\}dx$$

$$= \frac{1}{2}\left[\frac{\sin(n-m)x}{n-m} + \frac{\sin(n+m)x}{n+m}\right]_{-\pi}^{\pi} = 0 \tag{1.22}$$

$$\int_{-\pi}^{\pi} \sin nx \cos mx\, dx = \frac{1}{2}\int_{-\pi}^{\pi} \{\sin(n-m)x + \sin(n+m)x\} dx$$

$$= \frac{1}{2}\left[-\frac{\cos(n-m)x}{n-m} - \frac{\cos(n+m)x}{n+m}\right]_{-\pi}^{\pi} = 0 \tag{1.23}$$

であり，$n = m$ ならば

$$\int_{-\pi}^{\pi} \cos^2 mx\, dx = \frac{1}{2}\int_{-\pi}^{\pi} (1+\cos 2mx) dx = \frac{1}{2}\left[x + \frac{\sin 2mx}{2m}\right]_{-\pi}^{\pi} = \pi \tag{1.24}$$

$$\int_{-\pi}^{\pi} \sin mx \cos mx\, dx = \frac{1}{2}\int_{-\pi}^{\pi} \sin 2mx\, dx = \frac{1}{2}\left[-\frac{\cos 2mx}{2m}\right]_{-\pi}^{\pi} = 0 \tag{1.25}$$

である．したがって，(1.21)式は

$$\int_{-\pi}^{\pi} f(x) \cos mx\, dx = \pi a_m$$

となるから，これより

$$a_m = \frac{1}{\pi}\int_{-\pi}^{\pi} f(x) \cos mx\, dx \tag{1.26}$$

を得る．

最後に，(1.19)式の両辺に $\sin mx$ (m は正の整数) を掛けて $-\pi$ から π まで積分すると

$$\int_{-\pi}^{\pi} f(x) \sin mx\, dx = a_0 \int_{-\pi}^{\pi} \sin mx\, dx + \sum_{n=1}^{\infty} \int_{-\pi}^{\pi} (a_n \cos nx + b_n \sin nx) \sin mx\, dx \tag{1.27}$$

となる．ここで，$n \neq m$ ならば

$$\int_{-\pi}^{\pi} \cos nx \sin mx\, dx = \frac{1}{2}\int_{-\pi}^{\pi} \{\sin(n+m)x - \sin(n-m)x\} dx$$

$$= \frac{1}{2}\left[-\frac{\cos(n+m)x}{n+m}+\frac{\cos(n-m)x}{n-m}\right]_{-\pi}^{\pi} = 0 \qquad (1.28)$$

$$\int_{-\pi}^{\pi}\sin nx \sin mx\, dx = \frac{1}{2}\int_{-\pi}^{\pi}\{\cos(n-m)x-\cos(n+m)x\}dx$$

$$= \frac{1}{2}\left[\frac{\sin(n-m)x}{n-m}-\frac{\sin(n+m)x}{n+m}\right]_{-\pi}^{\pi} = 0 \qquad (1.29)$$

であり，$n=m$ ならば

$$\int_{-\pi}^{\pi}\sin^2 mx\, dx = \frac{1}{2}\int_{-\pi}^{\pi}(1-\cos 2mx)dx = \frac{1}{2}\left[x-\frac{\sin 2mx}{2m}\right]_{-\pi}^{\pi} = \pi \qquad (1.30)$$

$$\int_{-\pi}^{\pi}\cos mx \sin mx\, dx = 0 \qquad (1.31)$$

である．したがって，(1.27)式は

$$\int_{-\pi}^{\pi}f(x)\sin mx\, dx = \pi b_m$$

となって，ここから

$$b_m = \frac{1}{\pi}\int_{-\pi}^{\pi}f(x)\sin mx\, dx \qquad (1.32)$$

が得られる．

一般に，n, m を整数とするとき，二つの実数値関数 $f_n(x)$ と $f_m(x)$ において

$$\int_a^b f_n(x)f_m(x)dx = 0 \qquad (m \neq n)$$

ならば，関数 $f_n(x)$ と $f_m(x)$ は区間 $a \leqq x \leqq b$ で直交するといい，この性質を関数の**直交性**(orthogonality)という．ここで“直交”とは，0でない二つのベクトルの内積が0となるとき，この二つのベクトルは直交することになぞらえてつけた呼称である．

これで余弦関数をフーリエ級数により表示する準備ができたので，さっそく実行してみることにしよう．

cを整数でない実数とするとき$f(x)=\cos cx$と置くと，(1.20)式，(1.26)式，(1.32)式からそれぞれ

$$a_0=\frac{1}{2\pi}\int_{-\pi}^{\pi}\cos cx\,dx=\frac{1}{2\pi}\left[\frac{\sin cx}{c}\right]_{-\pi}^{\pi}=\frac{\sin c\pi}{c\pi},$$

$$\begin{aligned}
a_m&=\frac{1}{\pi}\int_{-\pi}^{\pi}\cos cx\cos mx\,dx\\
&=\frac{1}{2\pi}\int_{-\pi}^{\pi}\{\cos(c-m)x+\cos(c+m)x\}dx\\
&=\frac{1}{2\pi}\left[\frac{\sin(c-m)x}{c-m}+\frac{\sin(c+m)x}{c+m}\right]_{-\pi}^{\pi}\\
&=\frac{1}{\pi}\left\{\frac{\sin(c-m)\pi}{c-m}+\frac{\sin(c+m)\pi}{c+m}\right\}\\
&=\frac{1}{\pi}\left\{(-1)^m\frac{\sin c\pi}{c-m}+(-1)^m\frac{\sin c\pi}{c+m}\right\}=\frac{2}{\pi}(-1)^m\frac{c\sin c\pi}{c^2-m^2},
\end{aligned}$$

$$\begin{aligned}
b_m&=\frac{1}{\pi}\int_{-\pi}^{\pi}\cos cx\sin mx\,dx=\frac{1}{2\pi}\int_{-\pi}^{\pi}\{\sin(c+m)x-\sin(c-m)x\}dx\\
&=\frac{1}{2\pi}\left[-\frac{\cos(c+m)x}{c+m}+\frac{\cos(c-m)x}{c-m}\right]_{-\pi}^{\pi}=0
\end{aligned}$$

を得るから，これらの式でmをnに書き換えて(1.19)式へ代入すれば

$$\cos cx=\frac{\sin c\pi}{c\pi}+\frac{2c\sin c\pi}{\pi}\sum_{n=1}^{\infty}(-1)^n\frac{\cos nx}{c^2-n^2}\qquad(-\pi\leqq x\leqq\pi)\tag{1.33}$$

となる．これが余弦関数のフーリエ級数による表示である．

さて，この式で$x=\pi$と置いてみると，$\cos n\pi=(-1)^n$を考慮して

$$\cos c\pi=\frac{\sin c\pi}{c\pi}+\frac{2c\sin c\pi}{\pi}\sum_{n=1}^{\infty}\frac{1}{c^2-n^2}$$

となるから，ここでさらにcをxに書き換えれば

$$\cos \pi x=\frac{\sin \pi x}{\pi x}-\frac{2x\sin \pi x}{\pi}\sum_{n=1}^{\infty}\frac{1}{n^2-x^2}$$

となって,

$$\pi \cot \pi x = \frac{1}{x} - \sum_{n=1}^{\infty} \frac{2x}{n^2 - x^2} \tag{1.34}$$

を得る．そこで，(1.34)式の右辺第一項を左辺へ移項し，x の範囲を $0 \leqq x < 1$ として0から x まで積分するのであるが，このとき積分公式

$$\int \cot s ds = \ln|\sin s| + C \qquad (C：積分定数)$$

を考慮すると，

$$\int_0^x \left(\pi \cot \pi x - \frac{1}{x}\right) dx = -\sum_{n=1}^{\infty} \int_0^x \frac{2x}{n^2 - x^2} dx$$

となる．ここで x は $0 \leqq x < 1$ の範囲の値をとり，また n は正の整数であるから $n^2 - x^2 \geqq 0$ となることに注意して積分を実行すれば

$$[\ln \sin \pi x - \ln x]_0^x = \left[\sum_{n=1}^{\infty} \ln(n^2 - x^2)\right]_0^x,$$

つまり

$$\left[\ln \frac{\sin \pi x}{x}\right]_0^x = \sum_{n=1}^{\infty} \{\ln(n^2 - x^2) - \ln n^2\}$$

となる．この左辺で，

$$\lim_{x \to 0} \frac{\sin \pi x}{x} = \lim_{x \to 0} \frac{\sin \pi x}{\pi x} \pi = 1 \cdot \pi = \pi$$

であることに注意すれば，上式は

$$\ln \frac{\sin \pi x}{x} - \ln \pi = \sum_{n=1}^{\infty} \ln\left(1 - \frac{x^2}{n^2}\right) \qquad \therefore \quad \ln \frac{\sin \pi x}{\pi x} = \ln \prod_{n=1}^{\infty} \left(1 - \frac{x^2}{n^2}\right)$$

となる．よって，

$$\sin \pi x = \pi x \prod_{n=1}^{\infty} \left(1 - \frac{x^2}{n^2}\right) \tag{1.35}$$

のような関係が得られる．この式の右辺は(1.15)式の分母と結びついていることが見て取れよう．

こうしてガンマ関数の相反公式は，(1.15)式と(1.35)式とを比較して，

$$\Gamma(x)\Gamma(1-x) = \frac{\pi}{\sin \pi x} \qquad (0 < x < 1) \tag{1.36}$$

のように得られる．そして，この式で $x = \dfrac{1}{2}$ と置いてみると，

$$\Gamma\left(\frac{1}{2}\right) = \sqrt{\pi} \tag{1.37}$$

が得られる．

また，(1.35)式から得られる特別な公式を示しておこう．それは(1.35)式に $x = \dfrac{1}{2}$ と代入して得られるもので，

$$1 = \frac{\pi}{2}\prod_{n=1}^{\infty}\left\{1-\frac{1}{(2n)^2}\right\} = \frac{\pi}{2}\prod_{n=1}^{\infty}\frac{(2n)^2-1}{(2n)^2}$$

から

$$\frac{\pi}{2} = \prod_{n=1}^{\infty}\frac{(2n)^2}{(2n)^2-1} = \prod_{n=1}^{\infty}\frac{2n}{2n-1}\frac{2n}{2n+1}$$

$$= \frac{2}{1}\frac{2}{3}\frac{4}{3}\frac{4}{5}\frac{6}{5}\frac{6}{7}\cdots = \left(\frac{2\cdot 4\cdot 6\cdot\cdots}{1\cdot 3\cdot 5\cdot 7\cdot\cdots}\right)^2 \tag{1.38}$$

となる．これを**ウォリスの公式**(Wallis' formula)という．この式は

$$\frac{\pi}{2} = \lim_{n\to\infty}\left(\frac{2}{1}\frac{2}{3}\frac{4}{3}\frac{4}{5}\frac{6}{5}\cdots\frac{2n-2}{2n-3}\frac{2n-2}{2n-1}\frac{2n}{2n-1}\right)$$

$$= \lim_{n\to\infty}\left\{\frac{2\cdot 4\cdot 6\cdot\cdots\cdot(2n-2)\cdot 2n}{1\cdot 3\cdot 5\cdot\cdots\cdot(2n-1)}\right\}^2\frac{1}{2n}$$

のようにも書ける．ここで，

$$2\cdot 4\cdot\cdots\cdot(2n-2)\cdot 2n = 2^n\{1\cdot 2\cdot\cdots\cdot(n-1)\cdot n\} = 2^n n!,$$

$$1\cdot 3\cdot 5\cdot\cdots\cdot(2n-1) = \frac{1\cdot 2\cdot 3\cdot 4\cdot 5\cdot\cdots\cdot(2n-1)\cdot 2n}{2\cdot 4\cdot\cdots\cdot(2n-2)\cdot 2n} = \frac{(2n)!}{2^n n!}$$

であるので，これらを上式に代入すれば

$$\frac{\pi}{2} = \lim_{n\to\infty}\left\{\frac{2^{2n}(n!)^2}{(2n)!\sqrt{2n}}\right\}^2,$$

つまり

$$\sqrt{\frac{\pi}{2}} = \lim_{n\to\infty} \frac{2^{2n}(n!)^2}{(2n)!\sqrt{2n}} \tag{1.39}$$

が得られる．これもウォリスの公式と呼ばれ，つぎに述べるスターリングの公式を導く際に応用される．

1.4 スターリングの公式

統計力学の問題に，自然数 n のきわめて大きな値に対する $n!$ のおおよその値を必要とすることがある．ここでは，このような場合の近似値を与える公式を導くことにしよう．

まず，$\ln n!$ について考えてみる．対数の性質から

$$\ln n! = \ln 2 + \ln 3 + \cdots + \ln n \qquad (\because \quad \ln 1 = 0)$$

であるから，例えば，$\ln x$ は図 1.2 を参照すると幅 1，高さ $\ln x$ の長方形の短冊の面積に等しいので，

$$\begin{aligned}\int_1^n \ln x\,dx &= 1\times\ln 2 + 1\times\ln 3 + \cdots + 1\times\ln(n-1) + \frac{1}{2}\times\ln n + \varepsilon_n \\ &= \ln 2 + \ln 3 + \cdots + \ln(n-1) + \frac{1}{2}\ln n + \varepsilon_n \\ &= \ln(n-1)! + \frac{1}{2}\ln n + \varepsilon_n \end{aligned} \tag{1.40}$$

と考えることができる．ここで，ε_n は(1.40)式の左辺の定積分との誤差を表す．

一方，(1.40)式の左辺の定積分の値は部分積分法を使って

$$\int_1^n \ln x\,dx = \big[x\ln x\big]_1^n - \int_1^n dx = n\ln n - n + 1 \tag{1.41}$$

のように求められる．

したがって，(1.40)式と(1.41)式を等置すれば

$$\ln(n-1)! + \frac{1}{2}\ln n + \varepsilon_n = n\ln n - n + 1$$

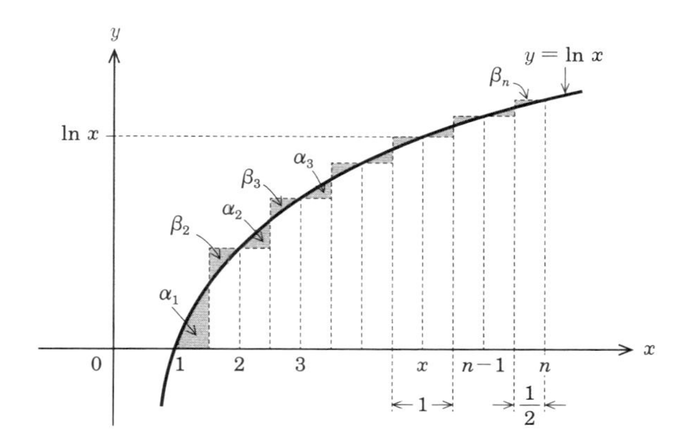

図 1.2　対数関数の定積分

となるから，これを整理して

$$\ln(n-1)! = n\ln n - n + 1 - \frac{1}{2}\ln n - \varepsilon_n = \left(n - \frac{1}{2}\right)\ln n - n + 1 - \varepsilon_n$$
$$= \ln n^{n-\frac{1}{2}} - n + 1 - \varepsilon_n$$

を得る．これより，

$$(n-1)! = e^{\ln n^{n-\frac{1}{2}} - n + 1 - \varepsilon_n} = e^{\ln n^{n-\frac{1}{2}}} e^{-n} e^{1-\varepsilon_n} = n^{n-\frac{1}{2}} e^{-n} e^{1-\varepsilon_n}$$

となる．ここで，図 1.2 からわかるように，$\varepsilon_n = \alpha_1 - \beta_2 + \alpha_2 - \beta_3 + \cdots - \beta_n$ は項が単調に減少する交代級数であるから，$n \to \infty$ のとき $\varepsilon_n \to \varepsilon$ となって収束する．そこで $\varepsilon = \varepsilon_n + \delta(n)$，$e^{1-\varepsilon} = a$（定数）と置くと，上式は

$$\Gamma(n) = (n-1)! = an^{n-\frac{1}{2}} e^{-n} e^{\delta(n)} \tag{1.42}$$

$$\lim_{n\to\infty} \delta(n) = 0 \tag{1.43}$$

と書くことができる．したがって，(1.42)式より

$$n! = n\Gamma(n) = n(n-1)! = an^{n+\frac{1}{2}} e^{-n} e^{\delta(n)} \tag{1.44}$$

を得る．ここで定数 a を決定するには，(1.44)式を(1.39)式へ代入すればよい．すなわち，

$$\sqrt{\pi} = \lim_{n\to\infty} \frac{2^{2n}(n!)^2}{(2n)!\sqrt{n}} = \lim_{n\to\infty} \frac{2^{2n}a^2 n^{2n+1}e^{-2n}}{a(2n)^{2n+\frac{1}{2}}e^{-2n}\sqrt{n}} = \frac{a}{\sqrt{2}}$$

$$\therefore \quad a = \sqrt{2\pi}$$

となる．これを(1.44)式に代入し，(1.43)式を考慮すれば

$$n! = \sqrt{2\pi}\, n^{n+\frac{1}{2}} e^{-n} e^{\delta(n)} \sim \sqrt{2\pi}\, n^{n+\frac{1}{2}} e^{-n} \tag{1.45}$$

のような近似式が得られる．ここに，$\sim$ は「漸近する」を意味する．(1.45)式を**スターリングの公式**(Stirling's formula)という．

1.5 ガンマ関数とその導関数の関係

(1.8)式の両辺を x で微分すると

$$\Gamma'(x+1) = \Gamma(x) + x\Gamma'(x)$$

となるから，この式の両辺を(1.8)式で割ると

$$\frac{\Gamma'(x+1)}{\Gamma(x+1)} = \frac{1}{x} + \frac{\Gamma'(x)}{\Gamma(x)}$$

を得る．さらに，(1.8)式から

$$\Gamma(x+2) = (x+1)\Gamma(x+1) = (x+1)x\Gamma(x)$$

であるので，この両辺を x で微分すれば

$$\Gamma'(x+2) = x\Gamma(x) + (x+1)\Gamma(x) + (x+1)x\Gamma'(x)$$

を得る．したがって，上の二式から

$$\frac{\Gamma'(x+2)}{\Gamma(x+2)} = \frac{1}{x+1} + \frac{1}{x} + \frac{\Gamma'(x)}{\Gamma(x)}$$

を得るので，一般に，

$$\frac{\Gamma'(x+m+1)}{\Gamma(x+m+1)} = \frac{1}{x+m} + \frac{1}{x+m-1} + \cdots + \frac{1}{x} + \frac{\Gamma'(x)}{\Gamma(x)} \tag{1.46}$$

のような関係式が得られる．

次に，(1.12)式の最後の式の自然対数をとると

$$\ln\Gamma_n(x) = \ln n! + x\ln n - \ln x - \ln(x+1) - \ln(x+2) - \cdots - \ln(x+n)$$

となるから，この両辺を x で微分すれば

$$\frac{d}{dx}\ln\Gamma_n(x) = \frac{\Gamma_n'(x)}{\Gamma_n(x)} = \ln n - \frac{1}{x} - \frac{1}{x+1} - \frac{1}{x+2} - \cdots - \frac{1}{x+n}$$

$$= -\left(1+\frac{1}{2}+\cdots+\frac{1}{n}-\ln n\right)+\left(1+\frac{1}{2}+\cdots+\frac{1}{n}\right)$$

$$-\left(\frac{1}{x}+\frac{1}{x+1}+\cdots+\frac{1}{x+n}\right)$$

となる．したがって，ここで $n\to\infty$ とすれば上式は

$$\frac{\Gamma'(x)}{\Gamma(x)} = \lim_{n\to\infty}\frac{\Gamma_n'(x)}{\Gamma_n(x)} = \lim_{n\to\infty}\left(\ln n - \frac{1}{x} - \frac{1}{x+1} - \frac{1}{x+2} - \cdots - \frac{1}{x+n}\right)$$

$$= \lim_{n\to\infty}\left\{-\left(1+\frac{1}{2}+\cdots+\frac{1}{n}-\ln n\right)+\left(1+\frac{1}{2}+\cdots+\frac{1}{n}\right)\right.$$

$$\left.-\left(\frac{1}{x}+\frac{1}{x+1}+\cdots+\frac{1}{x+n}\right)\right\}$$

と書けるから，(1.17)式を用いれば，上式は

$$\frac{\Gamma'(x)}{\Gamma(x)} = -\gamma + \lim_{n\to\infty}\left\{\left(1-\frac{1}{x}\right)+\left(\frac{1}{2}-\frac{1}{x+1}\right)+\cdots+\left(\frac{1}{1+n}-\frac{1}{x+n}\right)\right\},$$

つまり

$$\frac{\Gamma'(x)}{\Gamma(x)} = -\gamma + \sum_{n=0}^{\infty}\left(\frac{1}{1+n}-\frac{1}{x+n}\right) \tag{1.47}$$

のように表される．ここから $x=1$ のとき(1.4)式を考慮して

$$\Gamma'(1) = -\gamma \tag{1.48}$$

が得られる．

第2章

ベッセル関数とその満たす方程式

2.1 惑星の運動とベッセル関数

惑星の運動を時間の関数として解析的に表現しようとすると，数学的に困難な状況におちいる．この問題の解決に最初に成功したのは，ベッセル(Friedrich Wilhelm Bessel)である．惑星の運動を時間の関数として表現しようとするとケプラーの方程式と呼ばれる超越方程式を解かなければならないが，その解の解析的表示のために導入されたのがベッセル関数である．ここでは，惑星の運動を概観しながらベッセル関数の導入に至るまでを簡潔に述べることにしよう．

太陽と惑星は質点とみなせるものとする．惑星は，太陽からの万有引力を受けて太陽を回る公転運動をしているが，このとき惑星の軌道面は太陽の中心を通るので，図2.1に示すように，この軌道面内に太陽の中心を極とする極座標 (r, ϕ) を設定する．このとき，単位質量あたりの惑星の運動方程式は

$$r\text{ 方向：}\frac{d^2r}{dt^2}-r\left(\frac{d\phi}{dt}\right)^2=-\frac{\mu}{r^2} \tag{2.1a}$$

$$\phi\text{ 方向：}r\frac{d^2\phi}{dt^2}+2\frac{dr}{dt}\frac{d\phi}{dt}=\frac{1}{r}\frac{d}{dt}\left(r^2\frac{d\phi}{dt}\right)=0 \tag{2.1b}$$

と表される．ここに，μ は重力定数と呼ばれ，万有引力定数 G，太陽の質量 M を使って $\mu=GM$ である．

(2.1b)式は直ちに積分することができて，積分定数を h とすると

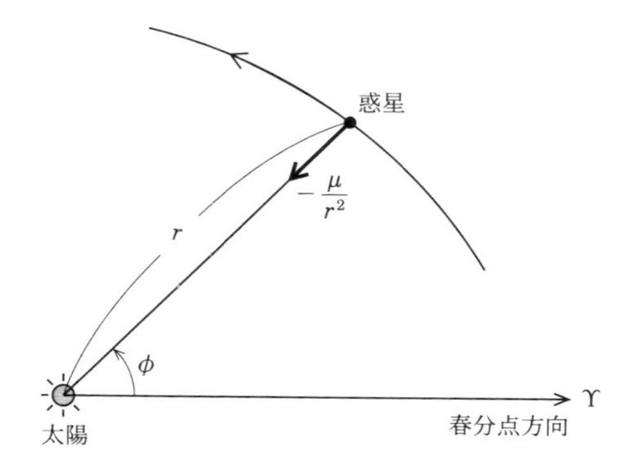

図 2.1　極座標と惑星の位置関係

$$r^2\frac{d\phi}{dt} = h \tag{2.2}$$

となる．これは単位質量あたりの角運動量 h が一定に保たれることを表し，**ケプラーの第 2 法則**(Kepler's second law)に対応する．これより h を知ることができる．

(2.1a)式と(2.2)式から $\frac{d\phi}{dt}$ を消去すると

$$\frac{d^2r}{dt^2} - \frac{h^2}{r^3} + \frac{\mu}{r^2} = 0$$

を得るから，この両辺に $\frac{dr}{dt}$ を掛ければ

$$\frac{dr}{dt}\frac{d^2r}{dt^2} - \frac{h^2}{r^3}\frac{dr}{dt} + \frac{\mu}{r^2}\frac{dr}{dt} = 0$$

となる．この式は時間 t で積分できる形式となっているので，積分定数を ε として実行すれば，

$$\frac{1}{2}\left(\frac{dr}{dt}\right)^2 + \frac{h^2}{2r^2} - \frac{\mu}{r} = \varepsilon \tag{2.3}$$

となる．これは**エネルギー積分**(vis viva integral)と呼ばれ，運動方程式の一つの運動の積分である．

(2.3)式を変形すると

$$dt = \pm \frac{dr}{\sqrt{2\varepsilon + \dfrac{2\mu}{r} - \dfrac{h^2}{r^2}}}$$

となるので，時刻 t_0 のときの動径を r_0 としてこの両辺を積分すれば，

$$t - t_0 = \pm \int_{r_0}^{r} \frac{dr}{\sqrt{2\varepsilon + \dfrac{2\mu}{r} - \dfrac{h^2}{r^2}}} \tag{2.4}$$

が得られる．この式は r の t による陽な表示になってはいないが，形式的には動径 r を時間 t の関数として表したものになっている．しかし，ここから r を知ることはなかなか困難なように見えるので，何らかの工夫が必要である．この点については後に述べることにして，以下では r と ϕ の関係を求めておくことにしよう．

(2.2)式を使うと

$$\frac{dr}{dt} = \frac{dr}{d\phi}\frac{d\phi}{dt} = \frac{h}{r^2}\frac{dr}{d\phi} = -\frac{d}{d\phi}\left(\frac{h}{r}\right)$$

であるから，この式を(2.3)式に代入して t を消去すれば

$$\frac{1}{2}\left\{-\frac{d}{d\phi}\left(\frac{h}{r}\right)\right\}^2 + \frac{h^2}{2r^2} - \frac{\mu}{r} = \varepsilon$$

となるので，さらに変形すれば

$$\left\{\frac{d}{d\phi}\left(\frac{h}{r}\right)\right\}^2 = 2\varepsilon + 2\frac{\mu}{h}\left(\frac{h}{r}\right) - \left(\frac{h}{r}\right)^2 = 2\varepsilon + \frac{\mu^2}{h^2} - \left(\frac{h}{r} - \frac{\mu}{h}\right)^2 \tag{2.5}$$

となる．そこで，

$$\frac{d}{d\phi}\left(\frac{h}{r}\right) = \frac{d}{d\phi}\left(\frac{h}{r} - \frac{\mu}{h}\right)$$

であることを考慮し，さらに

$$\frac{h}{r} - \frac{\mu}{h} = \sqrt{2\varepsilon + \frac{\mu^2}{h^2}}\cos\theta \tag{2.6}$$

と置けば，(2.5)式は

$$\frac{d}{d\phi}\cos\theta = \pm\sin\theta,$$

すなわち

$$\frac{d\theta}{d\phi} = \mp 1$$

となる．したがって，積分定数を $\pm\phi_0$ とすれば，上式は積分して

$$\theta = \mp(\phi - \phi_0)$$

となる．これを(2.6)式に代入すれば

$$\frac{1}{r} = \frac{\mu}{h^2}\left\{1+\sqrt{1+\frac{2\varepsilon h^2}{\mu^2}}\cos(\phi-\phi_0)\right\} \tag{2.7}$$

のようになって，軌道の極方程式が得られる．そこでこの式をもう少し見やすい形式とするために，次のような量を定義する．すなわち，

$$\text{半直弦}：p \equiv \frac{h^2}{\mu} \tag{2.8}$$

$$\text{離心率}：e \equiv \sqrt{1+\frac{2\varepsilon h^2}{\mu^2}} \tag{2.9}$$

である．すると，(2.7)式は

$$r = \frac{p}{1+e\cos(\phi-\phi_0)} \tag{2.10}$$

のように表されて，円錐曲線の方程式であることがわかる．

また，(2.9)式から単位質量あたりの全エネルギー ε は，

$$\varepsilon = \frac{\mu^2}{2h^2}(e^2-1) = \frac{\mu}{2p}(e^2-1) \tag{2.11}$$

と表される．

軌道の形は，(2.9)式もしくは(2.11)式から e または ε の値によって決まることがわかり，解析幾何学から知られているように，$e=0$ なら円，$0<e<1$ なら楕円となり $\varepsilon<0$，$e=1$ なら放物線になって $\varepsilon=0$，そして $e>1$ なら双曲線になって $\varepsilon>0$ である．ここで，軌道が楕円となる場合がケプラーによって研究された惑星の公転軌道で，それは“太陽を焦点

とする楕円軌道を運行する”という**ケプラーの第1法則**(Kepler's first law)と呼ばれているものである．以下では，特に楕円の場合に限って議論を進めることにする．

図2.2は，楕円の幾何学的関係を示したものであるが，直交座標O-xyのx軸上に焦点Fをとり，そこを極，そこからx軸の正の向きに伸びる線分を始線とする極座標(r, ϕ)を設定すれば，楕円の直交座標と極座標での表示は，それぞれ

$$\frac{x^2}{a^2}+\frac{y^2}{b^2}=1 \tag{2.12}$$

$$r=\frac{p}{1+e\cos\phi} \tag{2.13}$$

となる．ただし，aは半長軸，bは半短軸，さらに，(2.13)式は，(2.10)式で$\phi_0=0$とした場合であり，このように採った角ϕは**真近点離角**(true anomaly)と呼ばれる．(2.13)式から$\phi=\dfrac{\pi}{2}$のとき$r=p$，つまり焦点からy軸に平行にその正方向へ伸ばした線分の楕円と交わる点までの長さが半直弦になっている．このときのx座標は$x=ae$であるから，(2.12)式

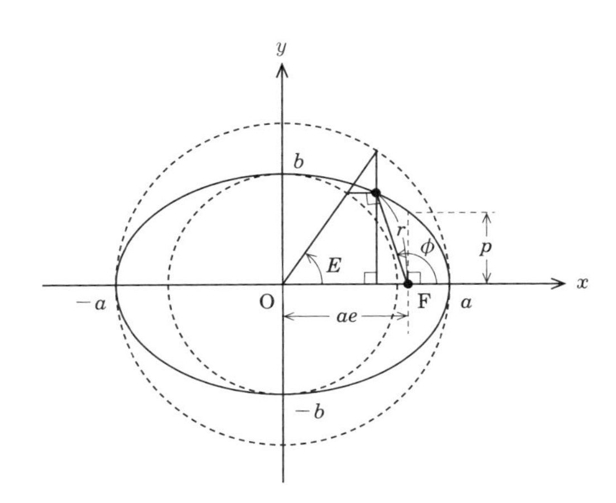

図2.2　楕円の幾何学的関係

より

$$y = b\sqrt{1-\frac{x^2}{a^2}} = b\sqrt{1-e^2} = p \tag{2.14}$$

である．

また，離心率の定義：$e = \dfrac{\sqrt{a^2-b^2}}{a}$ より

$$b = a\sqrt{1-e^2} \tag{2.15}$$

であるから，これを(2.14)式に代入して

$$p = a(1-e^2) \tag{2.16}$$

を得る．したがって，(2.16)式を(2.8)式と(2.11)式に代入すれば，楕円のときの離心率と全エネルギーは，それぞれ

$$e = \sqrt{1-\frac{h^2}{\mu a}} \tag{2.17}$$

$$\varepsilon = -\frac{\mu}{2a} \tag{2.18}$$

となる．

ところで，楕円軌道を運動する惑星の公転速度 v であるが，(2.2)式を考慮すると

$$v^2 = \left(\frac{dr}{dt}\right)^2 + \left(r\frac{d\phi}{dt}\right)^2 = \left(\frac{dr}{dt}\right)^2 + \frac{h^2}{r^2}$$

であるので，この式と(2.18)式を(2.3)式に代入すれば

$$\frac{1}{2}v^2 - \frac{\mu}{r} = -\frac{\mu}{2a}$$

が得られて，これより

$$v = \sqrt{\mu\left(\frac{2}{r}-\frac{1}{a}\right)} \tag{2.19}$$

が求められる．

さて，ここで動径 r と時刻 t の関係を与える(2.4)式に戻ることにしよう．以上に得られた(2.17)式と(2.18)式を(2.4)式の右辺の根号内の式に代入し整理すれば，それは

$$\sqrt{\frac{\mu}{a}}(t-t_0) = \pm\int_{r_0}^{r}\frac{r\,dr}{\sqrt{a^2e^2-(a-r)^2}}$$

となる．惑星は，時刻 t_0 にその近日点を通過するものとすると，ここから遠日点までは $\dfrac{dr}{dt}>0$ であるので，上式の ± の符号は + の符号を採らなければならない．この間の動径 r の変化に注目すると，その値は近日点距離 $r=a(1-e)$ から遠日点距離 $r=a(1+e)$ までの範囲で変化するので，$|a-r|\leqq ae$ である．したがって，この点を考慮して

$$a-r = ae\cos E$$

と置けば

$$r = a(1-e\cos E) \tag{2.20}$$

と書き換えられ，これより $dr=ae\sin E\,dE$ で，積分区間は $r：r_0\rightarrow r$ が $E：0\rightarrow E$ になるので上式は簡単になり，

$$\sqrt{\frac{\mu}{a^3}}(t-t_0) = \int_0^E(1-e\cos E)dE = E-e\sin E$$

と表される．ここで，

$$n\equiv\sqrt{\frac{\mu}{a^3}} \tag{2.21}$$

$$M\equiv\sqrt{\frac{\mu}{a^3}}(t-t_0) = n(t-t_0) \tag{2.22}$$

を定義すると，上式は

$$M = E-e\sin E \tag{2.23}$$

となり，**ケプラーの方程式**(Kepler's equation)と呼ばれる超越方程式が得られる．この式で $E=2\pi$ とすれば，それは惑星がその軌道を一周することを意味するから，これに要する時間，つまり公転周期を $P(=t-t_0)$ とすると，このとき(2.23)式から $M=2\pi$ であるので(2.22)式より

$$P = 2\pi\sqrt{\frac{a^3}{\mu}} \tag{2.24}$$

が得られる．これは**ケプラーの第3法則**(Kepler's third law)と呼ばれるもので，公転周期 P を観測して軌道の半長軸 a を知るのに利用される．

後回しになってしまったが，ここで導入した E, n, M にはそれぞれ**離心近点離角**(eccentric anomaly)，**平均運動**(mean motion)，**平均近点離角**(mean anomaly)と称する呼び名がついており，E は図 2.2 に示す中心角を表し，n は仮想的に惑星が楕円に外接する半径 a の補助円に沿って運動するときの角速度を，M にそのときの原点 O に関する中心角を表している．

以上に得られた関係式から，時刻 t を指定すると(2.22)式からそのときの平均近点離角 M が求まり，それをもとに(2.23)式から離心近点離角 E が求められ，最後に(2.20)式から動径 r が決まることがわかる．

こうして動径 r は知られたが，惑星の位置を特定するには真近点離角 ϕ と離心近点離角 E の関係を知る必要がある．次に，この関係式を求めよう．

図 2.2 から

$$r\cos\phi = a\cos E - ae$$

であるので，この式と(2.20)式から

$$2\sin^2\frac{\phi}{2} = 1-\cos\phi = \frac{(1+e)(1-\cos E)}{1-e\cos E} = \frac{2a(1+e)\sin^2\dfrac{E}{2}}{r},$$

$$2\cos^2\frac{\phi}{2} = 1+\cos\phi = \frac{(1-e)(1+\cos E)}{1-e\cos E} = \frac{2a(1-e)\cos^2\dfrac{E}{2}}{r}$$

が得られる．$\phi=0$ のとき $E=0$ で，$\phi=\pi$ のとき $E=\pi$ となるから，これらを考慮して上式の辺々で割り算を行えば

$$\tan\frac{\phi}{2} = \sqrt{\frac{1+e}{1-e}}\tan\frac{E}{2} \tag{2.25}$$

が得られる．この式から，離心近点離角 E を与えて真近点離角 ϕ を知ることができる．

惑星の運動がわかるには，任意の時刻 t における位置 (r, ϕ) と公転速度 v を知る必要があり，これらの値は観測から h と P を知って，上で得られた(2.24)式から a，(2.17)式から e，(2.22)式から M，(2.23)式から E，

(2.20)式から r，(2.25)式から ϕ，(2.19)式から v の順で，一意に決定されることになる．

ところで，(2.23)式から離心近点離角 E を具体的に時間 t の関数として表示することが残されているが，以下ではこの問題を考えてみよう．

まず，(2.23)式を次のように書き換える．

$$E-M=e\sin E$$

この式で，$E=0$（近日点）とするとき $M=0$ となり，また $E=\pi$（遠日点）とすると $M=\pi$ となるから，$E-M$ は近日点と遠日点で0になる周期関数である．そこで

$$A_1\sin M+A_2\sin 2M+A_3\sin 3M+\cdots=\sum_{l=1}^{\infty}A_l\sin lM$$

のような級数を考えるとき，この級数は $M=0$ と $M=\pi$ で0になるので係数 $A_1, A_2, A_3, \cdots$ を適当に定めて

$$E-M=\sum_{l=1}^{\infty}A_l\sin lM \tag{2.26}$$

とすることができれば，離心近点離角 E は平均近点離角 M で陽に表示されたことになる．つまり，時間 t の関数として表されたことになる．そこで，この式は M で微分可能であるとして微分すれば

$$\frac{dE}{dM}-1=\sum_{l=1}^{\infty}lA_l\cos lM$$

となるから，k を正の整数としてこの式の両辺に $\cos kM$ を掛けて，M で0から π まで積分すれば

$$\int_0^{\pi}\left(\frac{dE}{dM}-1\right)\cos kM\,dM=\sum_{l=1}^{\infty}lA_l\int_0^{\pi}\cos lM\cos kM\,dM \tag{2.27}$$

となる．

そこで，この式の右辺の積分を実行してみると，

（1）　$l\neq k$ のとき，

$$\int_0^{\pi}\cos lM\cos kMdM = \frac{1}{2}\int_0^{\pi}\{\cos(l-k)M+\cos(l+k)M\}dM$$

$$= \frac{1}{2}\left[\frac{\sin(l-k)M}{l-k}+\frac{\sin(l+k)M}{l+k}\right]_0^{\pi} = 0$$

（2） $l = k$ のとき，

$$\int_0^{\pi}\cos^2 kMdM = \frac{1}{2}\int_0^{\pi}(1+\cos 2kM)dM$$

$$= \frac{1}{2}\left[M+\frac{1}{2k}\sin 2kM\right]_0^{\pi} = \frac{\pi}{2}$$

となって，(2.27)式の右辺は，$l = k$ となる項のみ残ることがわかる．

あらためて，(2.27)式の左右両辺を入れ替えて書いてみると

$$kA_k\frac{\pi}{2} = \int_0^{\pi}\left(\frac{dE}{dM}-1\right)\cos kM\,dM$$

$$= \int_0^{\pi}\frac{dE}{dM}\cos kM\,dM-\int_0^{\pi}\cos kM\,dM = \int_0^{\pi}\frac{dE}{dM}\cos kM\,dM$$

となるから，$E = 0$ のとき $M = 0$，また，$E = \pi$ のとき $M = \pi$ となることを考慮して積分変数を M から E へ変更すれば，上式は

$$kA_k\frac{\pi}{2} = \int_0^{\pi}\cos kM\,dE$$

となる．そこで，この式の右辺に(2.23)式を代入すると

$$kA_k\frac{\pi}{2} = \int_0^{\pi}\cos k(E-e\sin E)dE,$$

つまり

$$A_k = \frac{2}{k\pi}\int_0^{\pi}\cos k(E-e\sin E)dE \tag{2.28}$$

が得られて，係数 A_k を決める式が求められる．

こうして得られた右辺の積分の部分は，$x = ke$（k：正の整数）として一般に，

$$J_k(x) \equiv \frac{1}{\pi}\int_0^{\pi}\cos(kE - x\sin E)dE \tag{2.29}$$

と表し，これを**ベッセル関数**(Bessel function)と定義するのである．ここに，$J_k(x)$ の添字 k を**位数**(order)と呼ぶ．この定義にしたがえば(2.28)式は

$$A_k = \frac{2}{k}J_k(ke) \tag{2.30}$$

と書くことができて，離心近点離角 E の平均近点離角 M，つまり時間 t による表示は，(2.30)式を(2.26)式に代入することにより

$$E = M + 2\sum_{l=1}^{\infty}\frac{1}{l}J_l(le)\sin lM \tag{2.31}$$

のように得られる．こうして，離心近点離角 E は，完全に時間 t の関数として表されたことになる．

2.2 ベッセル関数の級数表示

前節で定義されたベッセル関数(2.29)式を，k を n に，E を θ に改めて表示すると，

$$J_n(x) = \frac{1}{\pi}\int_0^{\pi}\cos(n\theta - x\sin\theta)d\theta \qquad (n：正の整数) \tag{2.32}$$

となる．これは，**ベッセル積分**(Bessel integral)とも呼ばれる．

(2.32)式からわかるように，ベッセル関数 $J_n(x)$ は n と x の関数であると解されるので，本節ではこれを x の関数と見て，その昇冪の級数として表すことを考えてみよう．

(2.32)式の被積分関数を三角関数の加法定理によって展開すると，

$$\begin{aligned} J_n(x) &= \frac{1}{\pi}\int_0^{\pi}\cos(n\theta - x\sin\theta)d\theta \\ &= \frac{1}{\pi}\int_0^{\pi}\cos n\theta\cos(x\sin\theta)d\theta + \frac{1}{\pi}\int_0^{\pi}\sin n\theta\sin(x\sin\theta)d\theta \end{aligned} \tag{2.33}$$

となる．ここで，右辺第１項は

$$\int_0^{\pi}\cos n\theta\cos(x\sin\theta)d\theta=\int_0^{\frac{\pi}{2}}\cos n\theta\cos(x\sin\theta)d\theta$$

$$+\int_{\frac{\pi}{2}}^{\pi}\cos n\theta\cos(x\sin\theta)d\theta \qquad (2.34)$$

と書けるが，この右辺第２項で $\theta=\pi-\psi$ と置けば $d\theta=-d\psi$ で，積分区間は θ：$\dfrac{\pi}{2}\to\pi$ が ψ：$\dfrac{\pi}{2}\to 0$ になるから，

$$\int_{\frac{\pi}{2}}^{\pi}\cos n\theta\cos(x\sin\theta)d\theta=\int_{\frac{\pi}{2}}^{0}\cos n(\pi-\psi)\cos\{x\sin(\pi-\psi)\}(-d\psi)$$

$$=\int_0^{\frac{\pi}{2}}\cos(n\pi-n\psi)\cos(x\sin\psi)d\psi$$

$$=\int_0^{\frac{\pi}{2}}(\cos n\pi\cos n\psi+\sin n\pi\sin n\psi)\cos(x\sin\psi)d\psi$$

と変形できる．ところが，$\cos n\pi=(-1)^n$，$\sin n\pi=0$ であるので上式の右辺は

$$\text{左辺}=(-1)^n\int_0^{\frac{\pi}{2}}\cos n\psi\cos(x\sin\psi)d\psi$$

となり，ここでさらに積分変数の記号を形式的に ψ から θ へ書き換えれば上式は

$$\text{左辺}=(-1)^n\int_0^{\frac{\pi}{2}}\cos n\theta\cos(x\sin\theta)d\theta$$

となって，結局，(2.34)式は

$$\int_0^{\pi}\cos n\theta\cos(x\sin\theta)d\theta=\int_0^{\frac{\pi}{2}}\cos n\theta\cos(x\sin\theta)d\theta$$

$$+(-1)^n\int_0^{\frac{\pi}{2}}\cos n\theta\cos(x\sin\theta)d\theta$$

(2.35)

と書けることになる．したがって，n が奇数ならば(2.35)式は０，つまり

$$\int_0^{\pi} \cos n\theta \cos(x \sin\theta) d\theta = 0 \qquad (n：奇数) \tag{2.36}$$

となる．

また，(2.33)式の右辺第２項における

$$\int_0^{\pi} \sin n\theta \sin(x \sin\theta) d\theta = \int_0^{\frac{\pi}{2}} \sin n\theta \sin(x \sin\theta) d\theta + \int_{\frac{\pi}{2}}^{\pi} \sin n\theta \sin(x \sin\theta) d\theta \tag{2.37}$$

においても，この右辺第２項で $\theta = \pi - \psi$ と置けば先と同様にして，

$$\begin{aligned}\int_{\frac{\pi}{2}}^{\pi} \sin n\theta \sin(x \sin\theta) d\theta &= \int_{\frac{\pi}{2}}^{0} \sin n(\pi - \psi) \sin\{x \sin(\pi - \psi)\}(-d\psi) \\ &= \int_0^{\frac{\pi}{2}} \sin(n\pi - n\psi) \sin(x \sin\psi) d\psi \\ &= \int_0^{\frac{\pi}{2}} (\sin n\pi \cos n\psi - \cos n\pi \sin n\psi) \sin(x \sin\psi) d\psi \\ &= -\int_0^{\frac{\pi}{2}} (-1)^n \sin n\psi \sin(x \sin\psi) d\psi \\ &= (-1)^{n+1} \int_0^{\frac{\pi}{2}} \sin n\theta \sin(x \sin\theta) d\theta\end{aligned}$$

となるので，(2.37)式は

$$\int_0^{\pi} \sin n\theta \sin(x \sin\theta) d\theta = \int_0^{\frac{\pi}{2}} \sin n\theta \sin(x \sin\theta) d\theta + (-1)^{n+1} \int_0^{\frac{\pi}{2}} \sin n\theta \sin(x \sin\theta) d\theta \tag{2.38}$$

と書ける．したがって，n が偶数ならば(2.38)式は0，つまり

$$\int_0^{\pi} \sin n\theta \sin(x \sin\theta) d\theta = 0 \qquad (n：偶数) \tag{2.39}$$

となる．

以上の結果を踏まえて，まずnが奇数の場合を考えることにしよう．

三角関数のテイラー展開による表示は

$$\sin t = t + (-1)^1 \frac{t^3}{3!} + (-1)^2 \frac{t^5}{5!} + (-1)^3 \frac{t^7}{7!} + \cdots$$

$$= \sum_{m=0}^{\infty} (-1)^m \frac{t^{2m+1}}{(2m+1)!}$$

であることを考慮すると，

$$J_n(x) = \frac{1}{\pi} \int_0^{\pi} \sin n\theta \sin(x \sin\theta) d\theta$$

$$= \frac{1}{\pi} \int_0^{\pi} \sin n\theta \left\{ x \sin\theta + (-1)^1 \frac{x^3}{3!} \sin^3\theta + (-1)^2 \frac{x^5}{5!} \sin^5\theta \right.$$

$$\left. + \cdots + (-1)^{\frac{l-1}{2}} \frac{x^l}{l!} \sin^l\theta + \cdots \right\} d\theta \qquad (2.40)$$

となる．ただし，lは奇数である．

ところで，オイラーの公式$e^{\pm it} = \cos t \pm i \sin t$から

$$\sin^l\theta = \left(\frac{e^{i\theta} - e^{-i\theta}}{2i} \right)^l = \frac{(e^{i\theta} - e^{-i\theta})^l}{2^l i^l}$$

と表される．ここで，lは奇数であるから$i^{2(l-1)} = 1$となることに注意すれば上式の$\frac{1}{i^l}$に関する部分は

$$\frac{1}{i^l} = \frac{1}{i \cdot i^{l-1}} = \frac{i^{l-1}}{i \cdot i^{2(l-1)}} = \frac{i^{2 \cdot \frac{l-1}{2}}}{i} = \frac{(-1)^{\frac{l-1}{2}}}{i}$$

と変形され，これを考慮して上式を二項定理で展開すれば

$$\sin^l\theta = \frac{(-1)^{\frac{l-1}{2}}}{2^l i} \left\{ e^{il\theta} + (-1)^1 \frac{l}{1!} e^{i(l-1)\theta} e^{-i\theta} + (-1)^2 \frac{l(l-1)}{2!} e^{i(l-2)\theta} e^{-i2\theta} \right.$$

$$+ (-1)^3 \frac{l(l-1)(l-2)}{3!} e^{i(l-3)\theta} e^{-i3\theta}$$

$$+ \cdots + (-1)^{\frac{l-1}{2}} {}_l\mathrm{C}_{\frac{l-1}{2}} e^{i\left(l - \frac{l-1}{2}\right)\theta} e^{-i\frac{l-1}{2}\theta} + (-1)^{\frac{l+1}{2}} {}_l\mathrm{C}_{\frac{l+1}{2}} e^{i\left(l - \frac{l+1}{2}\right)\theta} e^{-i\frac{l+1}{2}\theta}$$

$$+\cdots+(-1)^{l-3}\frac{l(l-1)(l-2)}{3!}e^{i3\theta}e^{-i(l-3)\theta}+(-1)^{l-2}\frac{l(l-1)}{2!}e^{i2\theta}e^{-i(l-2)\theta}$$

$$\left.+(-1)^{l-1}\frac{l}{1!}e^{i\theta}e^{-i(l-1)\theta}+(-1)^{l}e^{-il\theta}\right\}$$

となる．ここで，

$${}_{l}\mathrm{C}_{\frac{l-1}{2}}=\frac{l!}{\frac{l-1}{2}!\left(l-\frac{l-1}{2}\right)!}=\frac{l!}{\frac{l-1}{2}!\,\frac{l+1}{2}!}={}_{l}\mathrm{C}_{\frac{l+1}{2}},$$

$$(-1)^{\frac{l+1}{2}}=(-1)^{1}(-1)^{\frac{l-1}{2}}=-(-1)^{\frac{l-1}{2}}$$

であることに注意して整理すれば，上式は

$$\sin^{l}\theta=\frac{(-1)^{\frac{l-1}{2}}}{2^{l-1}}\left\{\frac{e^{il\theta}-e^{-il\theta}}{2i}+(-1)^{1}\frac{l}{1!}\frac{e^{i(l-2)\theta}-e^{-i(l-2)\theta}}{2i}\right.$$

$$+(-1)^{2}\frac{l(l-1)}{2!}\frac{e^{i(l-4)\theta}-e^{-i(l-4)\theta}}{2i}+(-1)^{3}\frac{l(l-1)(l-2)}{3!}\frac{e^{i(l-6)\theta}-e^{-i(l-6)\theta}}{2i}$$

$$+\cdots+(-1)^{s}\frac{l(l-1)(l-2)\cdots(l-s+1)}{s!}\frac{e^{i(l-2s)\theta}-e^{-i(l-2s)\theta}}{2i}$$

$$\left.+\cdots+(-1)^{\frac{l-1}{2}}\frac{l!}{\frac{l-1}{2}!\,\frac{l+1}{2}!}\frac{e^{i\theta}-e^{-i\theta}}{2i}\right\}$$

$$=\frac{(-1)^{\frac{l-1}{2}}}{2^{l-1}}\left\{\sin l\theta+(-1)^{1}\frac{l}{1!}\sin(l-2)\theta\right.$$

$$+(-1)^{2}\frac{l(l-1)}{2!}\sin(l-4)\theta+(-1)^{3}\frac{l(l-1)(l-2)}{3!}\sin(l-6)\theta$$

$$+\cdots+(-1)^{s}\frac{l(l-1)(l-2)\cdots(l-s+1)}{s!}\sin(l-2s)\theta$$

$$+\cdots+(-1)^{\frac{l-1}{2}}\frac{l!}{\frac{l-1}{2}!\,\frac{l+1}{2}!}\sin\theta\Biggr\} \qquad (2.41)$$

となる．ただし，s は負でない整数である．

そこで，(2.41)式を(2.40)式に代入して積分を実行するのであるが，三角関数の直交性，つまり，p, q を整数として

（1） $p \neq q$ のとき，

$$\int_0^\pi \sin q\theta \sin p\theta\, d\theta = \frac{1}{2}\int_0^\pi \{\cos(q-p)\theta-\cos(q+p)\theta\}d\theta$$

$$= \frac{1}{2}\left[\frac{\sin(q-p)\theta}{q-p}-\frac{\sin(q+p)\theta}{q+p}\right]_0^\pi = 0 \qquad (2.42)$$

（2） $p = q \neq 0$ のとき，

$$\int_0^\pi \sin^2 q\theta\, d\theta = \frac{1}{2}\int_0^\pi (1-\cos 2q\theta)\, d\theta = \frac{1}{2}\left[\theta-\frac{1}{2q}\sin 2q\theta\right]_0^\pi = \frac{\pi}{2} \qquad (2.43)$$

であるので，$\sin(l-2s)\theta$（ただし，$l \geqq 2s$）において，$l-2s \neq n$ であれば積分は0になるが，$l-2s = n$ ならば積分は0にはならない．そこで，(2.40)式の被積分関数のうち括弧内の級数の中で残るものだけを拾い出してみると，

- $l = n$ のとき $\sin^n\theta$ の項では，$\dfrac{(-1)^{\frac{n-1}{2}}}{2^{n-1}}\sin n\theta$
- $l = n+2$ のとき $\sin^{n+2}\theta$ の項では，$(-1)^1\dfrac{(-1)^{\frac{n+1}{2}}}{2^{n+1}}\dfrac{n+2}{1!}\sin n\theta$
- $l = n+4$ のとき $\sin^{n+4}\theta$ の項では，
$$(-1)^2\frac{(-1)^{\frac{n+3}{2}}}{2^{n+3}}\frac{(n+4)(n+3)}{2!}\sin n\theta$$
- $l = n+6$ のとき $\sin^{n+6}\theta$ の項では，
$$(-1)^3\frac{(-1)^{\frac{n+5}{2}}}{2^{n+5}}\frac{(n+6)(n+5)(n+4)}{3!}\sin n\theta$$

………………………………………………………………………

● $l=n+2s$ のとき $\sin^{n+2s}\theta$ の項では，

$$(-1)^s\frac{(-1)^{\frac{n+2s-1}{2}}}{2^{n+2s-1}}\frac{(n+2s)(n+2s-1)(n+2s-2)\cdots(n+s+1)}{s!}\sin n\theta$$

となるので，ベッセル関数の級数表示は次のようになる．

$$\begin{aligned}J_n(x)=\frac{1}{\pi}\int_0^{\pi}\sin n\theta\Biggl\{&(-1)^{\frac{n-1}{2}}\frac{x^n}{n!}\frac{(-1)^{\frac{n-1}{2}}}{2^{n-1}}\sin n\theta\\&+(-1)^{\frac{n+1}{2}}\frac{x^{n+2}}{(n+2)!}(-1)^1\frac{(-1)^{\frac{n+1}{2}}}{2^{n+1}}\frac{n+2}{1!}\sin n\theta\\&+(-1)^{\frac{n+3}{2}}\frac{x^{n+4}}{(n+4)!}(-1)^2\frac{(-1)^{\frac{n+3}{2}}}{2^{n+3}}\frac{(n+4)(n+3)}{2!}\sin n\theta\\&+(-1)^{\frac{n+5}{2}}\frac{x^{n+6}}{(n+6)!}(-1)^3\frac{(-1)^{\frac{n+5}{2}}}{2^{n+5}}\frac{(n+6)(n+5)(n+4)}{3!}\sin n\theta\\&+\cdots+(-1)^{\frac{n+2s-1}{2}}\frac{x^{n+2s}}{(n+2s)!}(-1)^s\frac{(-1)^{\frac{n+2s-1}{2}}}{2^{n+2s-1}}\\&\times\frac{(n+2s)(n+2s-1)(n+2s-2)\cdots(n+s+1)}{s!}\sin n\theta+\cdots\Biggr\}d\theta\end{aligned}$$

$$\begin{aligned}=\frac{1}{\pi}\int_0^{\pi}\sin^2 n\theta d\theta\Biggl\{&(-1)^{n-1}\frac{x^n}{n!}\frac{1}{2^{n-1}}-(-1)^{n+1}\frac{x^{n+2}}{(n+2)!}\frac{n+2}{2^{n+1}1!}\\&+(-1)^{n+3}\frac{x^{n+4}}{(n+4)!}\frac{(n+4)(n+3)}{2^{n+3}2!}-(-1)^{n+5}\frac{x^{n+6}}{(n+6)!}\frac{(n+6)(n+5)(n+4)}{2^{n+5}3!}\\&+\cdots+(-1)^{n+2s-1}(-1)^s\frac{x^{n+2s}}{(n+2s)!}\\&\times\frac{(n+2s)(n+2s-1)(n+2s-2)\cdots(n+s+1)}{2^{n+2s-1}s!}+\cdots\Biggr\}.\end{aligned}$$

ここで，n は奇数であることに注意すれば

$$(-1)^{n-1}=(-1)^{n+1}=(-1)^{n+3}=(-1)^{n+5}=\cdots=(-1)^{n+2s-1}=1$$

であることと，(2.43)式から $\int_0^{\pi}\sin^2 n\theta d\theta=\frac{\pi}{2}$ であることを考慮すれば，上式は

$$J_n(x) = \frac{x^n}{n!}\frac{1}{2^n} - \frac{x^{n+2}}{(n+1)!}\frac{1}{2^{n+2}1!} + \frac{x^{n+4}}{(n+2)!}\frac{1}{2^{n+4}2!} - \frac{x^{n+6}}{(n+3)!}\frac{1}{2^{n+6}3!}$$

$$+\cdots+(-1)^s\frac{x^{n+2s}}{(n+s)!}\frac{1}{2^{n+2s}s!}+\cdots$$

$$= \frac{x^n}{2^n n!}\left\{1 - \frac{x^2}{2^2 1!(n+1)} + \frac{x^4}{2^4 2!(n+2)(n+1)} - \frac{x^6}{2^6 3!(n+3)(n+2)(n+1)}\right.$$

$$\left. +\cdots+(-1)^s\frac{x^{2s}}{2^{2s}s!(n+s)(n+s-1)(n+s-2)\cdots(n+2)(n+1)}+\cdots\right\}$$

$$= \sum_{s=0}^{\infty}\frac{(-1)^s}{s!(n+s)!}\left(\frac{x}{2}\right)^{n+2s} \tag{2.44a}$$

と表される．

次に，n が偶数の場合を考えよう．このときは，(2.33)式に(2.39)式を適用した後に三角関数のテイラー展開表示

$$\cos t = 1+(-1)^1\frac{t^2}{2!}+(-1)^2\frac{t^4}{4!}+(-1)^3\frac{t^6}{6!}+\cdots = \sum_{m=0}^{\infty}(-1)^m\frac{t^{2m}}{(2m)!}$$

を代入すれば，

$$J_n(x) = \frac{1}{\pi}\int_0^\pi \cos n\theta \cos(x\sin\theta)d\theta$$

$$= \frac{1}{\pi}\int_0^\pi \cos n\theta\left\{1+(-1)^1\frac{x^2}{2!}\sin^2\theta+(-1)^2\frac{x^4}{4!}\sin^4\theta\right.$$

$$\left.+(-1)^3\frac{x^6}{6!}\sin^6\theta+\cdots+(-1)^{\frac{l}{2}}\frac{x^l}{l!}\sin^l\theta+\cdots\right\}d\theta \tag{2.45}$$

のようになる．

l が偶数の場合には $i^{2l}=1$ となることに注意すると

$$\frac{1}{i^l} = \frac{i^l}{i^{2l}} = i^{2\frac{l}{2}} = (-1)^{\frac{l}{2}}$$

であるから，二項定理を使って

$$\sin^l\theta = \left(\frac{e^{i\theta}-e^{-i\theta}}{2i}\right)^l = \frac{1}{2^l i^l}(e^{i\theta}-e^{-i\theta})^l = \frac{(-1)^{\frac{l}{2}}}{2^l}(e^{i\theta}-e^{-i\theta})^l$$

$$= \frac{(-1)^{\frac{l}{2}}}{2^l}\left\{e^{il\theta}+(-1)^1\frac{l}{1!}e^{i(l-1)\theta}e^{-i\theta}+(-1)^2\frac{l(l-1)}{2!}e^{i(l-2)\theta}e^{-i2\theta}\right.$$

$$+(-1)^3\frac{l(l-1)(l-2)}{3!}e^{i(l-3)\theta}e^{-i3\theta}+\cdots+(-1)^{\frac{l}{2}}{}_l\mathrm{C}_{\frac{l}{2}}e^{i\left(l-\frac{l}{2}\right)\theta}e^{-i\frac{l}{2}\theta}$$

$$+\cdots+(-1)^{l-3}\frac{l(l-1)(l-2)}{3!}e^{i3\theta}e^{-i(l-3)\theta}+(-1)^{l-2}\frac{l(l-1)}{2!}e^{i2\theta}e^{-i(l-2)\theta}$$

$$\left.+(-1)^{l-1}\frac{l}{1!}e^{i\theta}e^{-i(l-1)\theta}+(-1)^l e^{-il\theta}\right\}$$

$$= \frac{(-1)^{\frac{l}{2}}}{2^{l-1}}\left\{\frac{e^{il\theta}+e^{-il\theta}}{2}+(-1)^1\frac{l}{1!}\frac{e^{i(l-2)\theta}+e^{-i(l-2)\theta}}{2}\right.$$

$$+(-1)^2\frac{l(l-1)}{2!}\frac{e^{i(l-4)\theta}+e^{-i(l-4)\theta}}{2}+(-1)^3\frac{l(l-1)(l-2)}{3!}\frac{e^{i(l-6)\theta}+e^{-i(l-6)\theta}}{2}$$

$$+\cdots+(-1)^s\frac{l(l-1)(l-2)\cdots(l-s+1)}{s!}\frac{e^{i(l-2s)\theta}+e^{-i(l-2s)\theta}}{2}$$

$$\left.+\cdots+(-1)^{\frac{l}{2}}\frac{l!}{\frac{l}{2}!\left(l-\frac{l}{2}\right)!}\frac{e^{i(l-l)\theta}}{2}\right\}$$

$$= \frac{(-1)^{\frac{l}{2}}}{2^{l-1}}\left\{\cos l\theta+(-1)^1\frac{l}{1!}\cos(l-2)\theta\right.$$

$$+(-1)^2\frac{l(l-1)}{2!}\cos(l-4)\theta+(-1)^3\frac{l(l-1)(l-2)}{3!}\cos(l-6)\theta$$

$$+\cdots+(-1)^s\frac{l(l-1)(l-2)\cdots(l-s+1)}{s!}\cos(l-2s)\theta$$

$$\left.+\cdots+\frac{(-1)^{\frac{l}{2}}}{2}\frac{l!}{\left(\frac{l}{2}!\right)^2}\right\} \tag{2.46}$$

となる．ただし，s は負でない整数である．

そこで，(2.46)式を(2.45)式に代入して積分を実行するのであるが，三角関数の直交性，つまり，p, q を整数として

（1） $p \neq q$ のとき，

$$\int_0^{\pi} \cos q\theta \cos p\theta d\theta = \frac{1}{2}\int_0^{\pi} \{\cos(q-p)\theta + \cos(q+p)\theta\} d\theta$$

$$= \frac{1}{2}\left[\frac{\sin(q-p)\theta}{q-p} + \frac{\sin(q+p)\theta}{q+p}\right]_0^{\pi} = 0 \tag{2.47}$$

（2） $p = q \neq 0$ のとき，

$$\int_0^{\pi} \cos^2 q\theta d\theta = \frac{1}{2}\int_0^{\pi} (1+\cos 2q\theta) d\theta = \frac{1}{2}\left[\theta + \frac{1}{2q}\sin 2q\theta\right]_0^{\pi} = \frac{\pi}{2} \tag{2.48}$$

であるので，$\cos(l-2s)\theta$（ただし，$l \geqq 2s$）において，$l-2s \neq n$ であれば積分は 0 になるが，$l-2s = n$ ならば積分は 0 にはならない．そこで，(2.45)式の被積分関数のうち括弧内の級数の中で残るものだけを拾い集めると，

- $l = n$ のとき $\sin^n\theta$ の項では，$\dfrac{(-1)^{\frac{n}{2}}}{2^{n-1}}\cos n\theta$

- $l = n+2$ のとき $\sin^{n+2}\theta$ の項では，$(-1)^1\dfrac{(-1)^{\frac{n+2}{2}}}{2^{n+1}}\dfrac{n+2}{1!}\cos n\theta$

- $l = n+4$ のとき $\sin^{n+4}\theta$ の項では，

$$(-1)^2\frac{(-1)^{\frac{n+4}{2}}}{2^{n+3}}\frac{(n+4)(n+3)}{2!}\cos n\theta$$

- $l = n+6$ のとき $\sin^{n+6}\theta$ の項では，

$$(-1)^3\frac{(-1)^{\frac{n+6}{2}}}{2^{n+5}}\frac{(n+6)(n+5)(n+4)}{3!}\cos n\theta$$

………………………………………………………………………………

- $l = n+2s$ のとき $\sin^{n+2s}\theta$ の項では，

$$(-1)^s\frac{(-1)^{\frac{n+2s}{2}}}{2^{n+2s-1}}\frac{(n+2s)(n+2s-1)(n+2s-2)\cdots(n+s+1)}{s!}\cos n\theta$$

となるので，ベッセル関数の級数表示は次のようになる．

$$J_n(x) = \frac{1}{\pi}\int_0^\pi \cos n\theta \Biggl\{ (-1)^{\frac{n}{2}} \frac{x^n}{n!} \frac{(-1)^{\frac{n}{2}}}{2^{n-1}} \cos n\theta$$

$$+(-1)^{\frac{n+2}{2}} \frac{x^{n+2}}{(n+2)!} (-1)^1 \frac{(-1)^{\frac{n+2}{2}}}{2^{n+1}} \frac{n+2}{1!} \cos n\theta$$

$$+(-1)^{\frac{n+4}{2}} \frac{x^{n+4}}{(n+4)!} (-1)^2 \frac{(-1)^{\frac{n+4}{2}}}{2^{n+3}} \frac{(n+4)(n+3)}{2!} \cos n\theta$$

$$+(-1)^{\frac{n+6}{2}} \frac{x^{n+6}}{(n+6)!} (-1)^3 \frac{(-1)^{\frac{n+6}{2}}}{2^{n+5}} \frac{(n+6)(n+5)(n+4)}{3!} \cos n\theta$$

$$+\cdots+(-1)^{\frac{n+2s}{2}} \frac{x^{n+2s}}{(n+2s)!} (-1)^s \frac{(-1)^{\frac{n+2s}{2}}}{2^{n+2s-1}}$$

$$\times \frac{(n+2s)(n+2s-1)(n+2s-2)\cdots(n+s+1)}{s!} \cos n\theta + \cdots \Biggr\} d\theta$$

$$= \frac{1}{\pi}\int_0^\pi \cos^2 n\theta\, d\theta \Biggl\{ (-1)^n \frac{x^n}{n!} \frac{1}{2^{n-1}} - (-1)^{n+2} \frac{x^{n+2}}{(n+2)!} \frac{n+2}{2^{n+1} 1!}$$

$$+(-1)^{n+4} \frac{x^{n+4}}{(n+4)!} \frac{(n+4)(n+3)}{2^{n+3} 2!}$$

$$-(-1)^{n+6} \frac{x^{n+6}}{(n+6)!} \frac{(n+6)(n+5)(n+4)}{2^{n+5} 3!} + \cdots$$

$$+(-1)^{n+2s}(-1)^s \frac{x^{n+2s}}{(n+2s)!} \frac{(n+2s)(n+2s-1)(n+2s-2)\cdots(n+s+1)}{2^{n+2s-1} s!} + \cdots \Biggr\}.$$

ここで，n は偶数であることに注意すれば

$$(-1)^n = (-1)^{n+2} = (-1)^{n+4} = (-1)^{n+6} = \cdots = (-1)^{n+2s} = 1$$

であることと，(2.48)式から $\int_0^\pi \cos^2 n\theta\, d\theta = \frac{\pi}{2}$ であることを考慮すれば，上式は

$$J_n(x) = \frac{x^n}{n!} \frac{1}{2^n} - \frac{x^{n+2}}{(n+1)!} \frac{1}{2^{n+2} 1!} + \frac{x^{n+4}}{(n+2)!} \frac{1}{2^{n+4} 2!}$$

$$-\frac{x^{n+6}}{(n+3)!} \frac{1}{2^{n+6} 3!} + \cdots + (-1)^s \frac{x^{n+2s}}{(n+s)!} \frac{1}{2^{n+2s} s!} + \cdots$$

$$= \frac{x^n}{2^n n!}\left\{1-\frac{x^2}{2^2 1!(n+1)}+\frac{x^4}{2^4 2!(n+2)(n+1)}-\frac{x^6}{2^6 3!(n+3)(n+2)(n+1)}\right.$$

$$\left.+\cdots+(-1)^s\frac{x^{2s}}{2^{2s}s!(n+s)(n+s-1)(n+s-2)\cdots(n+2)(n+1)}+\cdots\right\}$$

$$= \sum_{s=0}^{\infty}\frac{(-1)^s}{s!(n+s)!}\left(\frac{x}{2}\right)^{n+2s} \qquad (2.44\text{b})$$

と表される.

このように,(2.44a)式もしくは(2.44b)式は,n が奇数でも偶数でも,つまり負でない整数なら成り立つことがわかる.よって,n が非負の整数であるときのベッセル関数の級数表示は

$$J_n(x) = \sum_{s=0}^{\infty}\frac{(-1)^s}{s!(n+s)!}\left(\frac{x}{2}\right)^{n+2s} \qquad (2.49)$$

のように書けるのである.

そして,(2.49)式より幾つかのベッセル関数 $J_n(x)$ のグラフを示せば,図 2.3 のようになる.

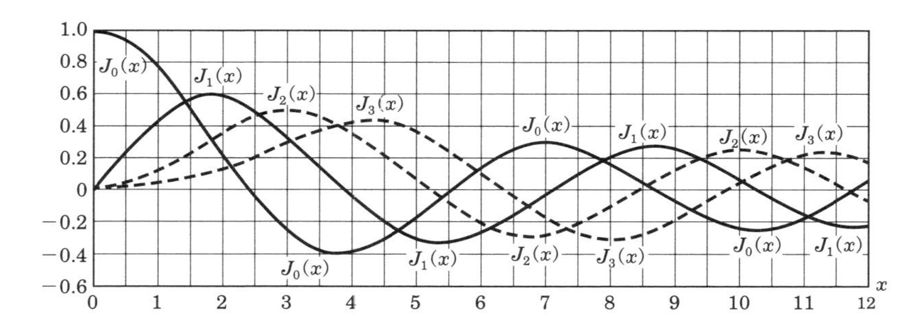

図 2.3　ベッセル関数 $J_n(x)$

では,n が負の整数のときには,どのように表されるのであろうか.次に,この問題を考えてみよう.それには,(2.32)式のベッセル積分 $J_n(x)$ にもどって,ここでの n に $-n$ を代入してみるとよい.すなわち,

$$J_{-n}(x) = \frac{1}{\pi}\int_0^{\pi}\cos(-n\theta - x\sin\theta)d\theta \qquad (n：正の整数)$$

である．ここで $\theta = \pi - \phi$ と置けば上式は

$$J_{-n}(x) = -\frac{1}{\pi}\int_{\pi}^{0}\cos(-n\pi + n\phi - x\sin(\pi - \phi))d\phi$$

$$= -\frac{1}{\pi}\int_{\pi}^{0}\{\cos(-n\pi)\cos(n\phi - x\sin(\pi - \phi))$$

$$-\sin(-n\pi)\sin(n\phi - x\sin(\pi - \phi))\}d\phi$$

$$= \frac{(-1)^n}{\pi}\int_0^{\pi}\cos(n\phi - x\sin\phi)d\phi = (-1)^n J_n(x)$$

となって，あらためて書くと

$$J_{-n}(x) = (-1)^n J_n(x) \tag{2.50}$$

の関係があることがわかる．

つまり，n が負の整数のときのベッセル関数は，n が正の整数であるときのベッセル関数を使って表すことができるのである．

2.3 ベッセルの微分方程式

ここでは，前節で定義したベッセル関数を解にもつ微分方程式を求めてみよう．

(2.32)式を x の関数と見て微分すると，

$$\frac{dJ_n(x)}{dx} = \frac{1}{\pi}\int_0^{\pi}\sin\theta\sin(n\theta - x\sin\theta)d\theta$$

$$= \frac{1}{\pi}\Big[-\cos\theta\sin(n\theta - x\sin\theta)\Big]_0^{\pi}$$

$$+\frac{1}{\pi}\int_0^{\pi}\cos\theta\cos(n\theta - x\sin\theta)(n - x\cos\theta)d\theta$$

$$= \frac{1}{\pi}\int_0^{\pi}(n\cos\theta - x\cos^2\theta)\cos(n\theta - x\sin\theta)d\theta$$

となる．この式の最初の行の式に着目してさらにxで微分すれば，

$$\frac{d^2 J_n(x)}{dx^2} = -\frac{1}{\pi}\int_0^\pi \sin^2\theta\cos(n\theta - x\sin\theta)d\theta$$

を得る．したがって，

$$\frac{d^2 J_n(x)}{dx^2} + \frac{1}{x}\frac{dJ_n(x)}{dx} = -\frac{1}{\pi}\int_0^\pi \sin^2\theta\cos(n\theta - x\sin\theta)d\theta$$

$$+\frac{1}{\pi}\int_0^\pi \left(\frac{n}{x}\cos\theta - \cos^2\theta\right)\cos(n\theta - x\sin\theta)d\theta$$

$$= \frac{1}{\pi}\int_0^\pi \left(\frac{n}{x}\cos\theta - 1\right)\cos(n\theta - x\sin\theta)d\theta$$

となるので，この式と(2.32)式を使って，

$$\frac{d^2 J_n(x)}{dx^2} + \frac{1}{x}\frac{dJ_n(x)}{dx} + \left(1 - \frac{n^2}{x^2}\right)J_n(x)$$

$$= \frac{1}{\pi}\int_0^\pi \left(\frac{n}{x}\cos\theta - 1\right)\cos(n\theta - x\sin\theta)d\theta$$

$$+\frac{1}{\pi}\int_0^\pi \left(1 - \frac{n^2}{x^2}\right)\cos(n\theta - x\sin\theta)d\theta$$

$$= -\frac{n}{\pi x^2}\int_0^\pi (n - x\cos\theta)\cos(n\theta - x\sin\theta)d\theta$$

と計算される．

ここで，

$$\Theta = n\theta - x\sin\theta$$

と置くと，$\dfrac{d\Theta}{d\theta} = n - x\cos\theta$ で，積分区間は $\theta : 0 \to \pi$ が $\Theta : 0 \to n\pi$ になるので，上式の最後の式の積分は

$$\int_0^\pi (n - x\cos\theta)\cos(n\theta - x\sin\theta)d\theta = \int_0^\pi \cos\Theta\frac{d\Theta}{d\theta}d\theta$$

$$= \int_0^{n\pi}\cos\Theta d\Theta = 0$$

となる．

よって，上式は結局

$$\frac{d^2J_n(x)}{dx^2}+\frac{1}{x}\frac{dJ_n(x)}{dx}+\left(1-\frac{n^2}{x^2}\right)J_n(x)=0 \tag{2.51}$$

となり，**ベッセルの微分方程式**(Bessel's differential equation)と呼ばれる式が得られるのである．

第3章

ベッセルの微分方程式の一般解

3.1 位数 ν が正の非整数の場合

ベッセルの微分方程式(2.51)式を再記すると,

$$\frac{d^2y}{dx^2}+\frac{1}{x}\frac{dy}{dx}+\left(1-\frac{\nu^2}{x^2}\right)y=0 \tag{3.1}$$

である. ただし, $J_n(x)$ を y に, n を正の非整数 ν に置き換えてある. この式の特殊解は, ν が正の整数 n であるとき(2.44)式もしくは(2.49)式で与えられることを知ったが, ここでは, (3.1)式の一般解を求めることを考える.

まず, (3.1)式の級数解を求めることから始めよう. (3.1)式は $x=0$ で確定特異点をもつので, その級数解としては

$$y=x^\lambda\sum_{j=0}^{\infty}a_jx^j=\sum_{j=0}^{\infty}a_jx^{\lambda+j} \tag{3.2}$$

の形式を仮定し, 係数 $a_0, a_1, \cdots$ と指数 λ を, x の同じ冪の係数の和を 0 と置くことにより求めるのである. こうして得られた級数が収束すれば, それは(3.1)式の一つの特殊解とみることができる.

そこで, (3.2)式を x で微分すると

$$\frac{dy}{dx}=\sum_{j=0}^{\infty}(\lambda+j)a_jx^{\lambda+j-1},$$

$$\frac{d^2y}{dx^2}=\sum_{j=0}^{\infty}(\lambda+j)(\lambda+j-1)a_jx^{\lambda+j-2}$$

を得るから, これらを(3.1)式に代入すれば,

$$\sum_{j=0}^{\infty}(\lambda+j)(\lambda+j-1)a_j x^{\lambda+j-2}$$

$$+\sum_{j=0}^{\infty}(\lambda+j)a_j x^{\lambda+j-2}+\sum_{j=0}^{\infty}a_j x^{\lambda+j}-\nu^2\sum_{j=0}^{\infty}a_j x^{\lambda+j-2}=0$$

となる．したがって，$x^{\lambda-2}, x^{\lambda-1}, x^{\lambda+j-2}$ の係数の和をそれぞれ0と置いて

$$x^{\lambda-2}：\lambda(\lambda-1)a_0+\lambda a_0-\nu^2 a_0=0 \qquad (j=0) \tag{3.3a}$$

$$x^{\lambda-1}：(\lambda+1)\lambda a_1+(\lambda+1)a_1-\nu^2 a_1=0 \qquad (j=1) \tag{3.3b}$$

$$x^{\lambda+j-2}：(\lambda+j)(\lambda+j-1)a_j+(\lambda+j)a_j+a_{j-2}-\nu^2 a_j=0$$
$$(j=2,3,\cdots) \tag{3.3c}$$

を得る．まず(3.3a)式から $a_0\neq 0$ として $\lambda^2-\nu^2=0$ を得るから，これより

$$\lambda=\pm\nu \tag{3.4}$$

と決まる．これを(3.3b)式に代入すると

$$(\pm 2\nu+1)a_1=0$$

となるから，これより $a_1=0$ が得られ，また(3.3c)式に代入すれば

$$j(\pm 2\nu+j)a_j+a_{j-2}=0$$

となるから，

$$a_j=-\frac{1}{j(\pm 2\nu+j)}a_{j-2} \qquad (j=2,3,\cdots) \tag{3.5a}$$

を得る．したがって，j が奇数なら(3.5a)式より

$$a_1=a_3=a_5=\cdots=a_{2s-1}=\cdots=0 \qquad (s=1,2,\cdots) \tag{3.5b}$$

であることがわかる．

一方，j が偶数であるときは $j=2s\ (s=1,2,\cdots)$ と置いて(3.5a)式に代入すると

$$\left.\begin{aligned}
a_2 &= -\frac{1}{2(\pm 2\nu+2)}a_0 = -\frac{1}{2^2(\pm\nu+1)}a_0 = (-1)^1\frac{1}{1!2^2(\pm\nu+1)}a_0 \\
a_4 &= -\frac{1}{4(\pm 2\nu+4)}a_2 = -(-1)^1\frac{1}{2\cdot 2^4(\pm\nu+2)(\pm\nu+1)}a_0 \\
&= (-1)^2\frac{1}{2!2^4(\pm\nu+2)(\pm\nu+1)}a_0 \\
a_6 &= -\frac{1}{6(\pm 2\nu+6)}a_4 = -(-1)^2\frac{1}{3\cdot 2\cdot 2^6(\pm\nu+3)(\pm\nu+2)(\pm\nu+1)}a_0 \\
&= (-1)^3\frac{1}{3!2^6(\pm\nu+3)(\pm\nu+2)(\pm\nu+1)}a_0 \\
&\cdots\cdots\cdots\cdots\cdots\cdots\cdots\cdots\cdots\cdots \\
a_{2s} &= (-1)^s\frac{1}{s!2^{2s}(\pm\nu+s)(\pm\nu+s-1)(\pm\nu+s-2)\cdots(\pm\nu+2)(\pm\nu+1)}a_0
\end{aligned}\right\} \tag{3.5c}$$

となる．

したがって，分母の複号で + 符号と − 符号を採る場合の解をそれぞれ y_+, y_- とすれば，(3.2)式から

$$y_+ = a_0x^{\nu}\left\{1-\frac{x^2}{1!2^2(\nu+1)}+\frac{x^4}{2!2^4(\nu+2)(\nu+1)}-\frac{x^6}{3!2^6(\nu+3)(\nu+2)(\nu+1)}\right.$$
$$\left.+\cdots+(-1)^s\frac{x^{2s}}{s!2^{2s}(\nu+s)(\nu+s-1)(\nu+s-2)\cdots(\nu+2)(\nu+1)}+\cdots\right\} \tag{3.6a}$$

$$y_- = a_0x^{-\nu}\left\{1-\frac{x^2}{1!2^2(-\nu+1)}+\frac{x^4}{2!2^4(-\nu+2)(-\nu+1)}\right.$$
$$-\frac{x^6}{3!2^6(-\nu+3)(-\nu+2)(-\nu+1)}$$
$$\left.+\cdots+(-1)^s\frac{x^{2s}}{s!2^{2s}(-\nu+s)(-\nu+s-1)(-\nu+s-2)\cdots(-\nu+2)(-\nu+1)}+\cdots\right\} \tag{3.6b}$$

となる．ここで(3.6a)式の中括弧内は，(2.44)式の二つ目の等号の式中の中括弧内で n を ν に書き換えたものと一致している．したがって，ν が正

の整数 n なら a_0 は

$$a_0 = \frac{1}{2^n n!}$$

と選べばよい．しかし，ここでは ν を正の非整数としているので，a_0 の値としてはガンマ関数の性質(1.5)式から

$$a_0 = \frac{1}{2^{\pm\nu}\Gamma(\pm\nu+1)} \tag{3.7}$$

と表せばよい．このようにすると，(3.5c)式の最後の式は(1.8)式を使って

$$\begin{aligned} a_{2s} &= (-1)^s \frac{1}{s!2^{2s}(\pm\nu+s)(\pm\nu+s-1)(\pm\nu+s-2)\cdots(\pm\nu+2)(\pm\nu+1)} \\ &\qquad \times \frac{1}{2^{\pm\nu}\Gamma(\pm\nu+1)} \\ &= (-1)^s \frac{1}{s!2^{\pm\nu+2s}\Gamma(\pm\nu+s+1)} \end{aligned} \tag{3.8}$$

と表されるから，(3.6)式は

$$\begin{aligned} y_+ = J_\nu(x) &= \frac{1}{\Gamma(\nu+1)}\left(\frac{x}{2}\right)^{\nu} - \frac{1}{1!\Gamma(\nu+2)}\left(\frac{x}{2}\right)^{\nu+2} + \frac{1}{2!\Gamma(\nu+3)}\left(\frac{x}{2}\right)^{\nu+4} \\ &\quad - \frac{1}{3!\Gamma(\nu+4)}\left(\frac{x}{2}\right)^{\nu+6} + \cdots + (-1)^s \frac{1}{s!\Gamma(\nu+s+1)}\left(\frac{x}{2}\right)^{\nu+2s} + \cdots \\ &= \sum_{s=0}^{\infty} \frac{(-1)^s}{s!\Gamma(\nu+s+1)}\left(\frac{x}{2}\right)^{\nu+2s} \end{aligned} \tag{3.9a}$$

$$\begin{aligned} y_- = J_{-\nu}(x) &= \frac{1}{\Gamma(-\nu+1)}\left(\frac{x}{2}\right)^{-\nu} - \frac{1}{1!\Gamma(-\nu+2)}\left(\frac{x}{2}\right)^{-\nu+2} \\ &\quad + \frac{1}{2!\Gamma(-\nu+3)}\left(\frac{x}{2}\right)^{-\nu+4} - \frac{1}{3!\Gamma(-\nu+4)}\left(\frac{x}{2}\right)^{-\nu+6} \\ &\quad + \cdots + (-1)^s \frac{1}{s!\Gamma(-\nu+s+1)}\left(\frac{x}{2}\right)^{-\nu+2s} + \cdots \end{aligned}$$

$$= \sum_{s=0}^{\infty} \frac{(-1)^s}{s!\Gamma(-\nu+s+1)} \left(\frac{x}{2}\right)^{-\nu+2s} \tag{3.9b}$$

となる.

ここで,(3.9)式の収束性であるが,隣接する二項の前の項に対する後の項の比をとってみると

$$-\frac{x^2\Gamma(\pm\nu+s)}{2^2 s\Gamma(\pm\nu+s+1)} = -\frac{x^2}{2^2 s(\pm\nu+s)}$$

となるから[1],この絶対値の極限は

$$\lim_{s\to\infty}\left|-\frac{x^2}{2^2 s(\pm\nu+s)}\right| = 0$$

となって,$J_\nu(x)$ は x のすべての有限な値に対して収束し,$J_{-\nu}(x)$ は $x=0$ で ∞ となるが,それ以外の x のすべての有限な値に対して収束することがわかる.

また,ν が正の非整数であれば(3.9a)式の第一項と(3.9b)式の第一項はそれぞれ x^ν と $x^{-\nu}$ の0でない定数倍であるから,一般に $J_\nu(x)$ と $J_{-\nu}(x)$ は一次独立である.

したがって,これらはベッセルの微分方程式(3.1)式の基本解をなすと考えてよいので,その一般解は

$$y = AJ_\nu(x)+BJ_{-\nu}(x) \tag{3.10}$$

と表される.ここに,A, B は任意の定数である.また,ここに得られた $J_\nu(x)$ を一般に,**ν 次の第1種ベッセル関数**(Bessel function of the first kind of order ν)という.

3.2 位数 ν が正の整数の場合

ν が正の整数 n となるときの(3.9b)式を検討するために,この式を $s=n-1$ までの和と,$s=n$ からの和に分け,

$$J_{-n} = \sum_{s=0}^{\infty} \frac{(-1)^s}{s!\Gamma(-n+s+1)} \left(\frac{x}{2}\right)^{-n+2s}$$

$$= \sum_{s=0}^{n-1} \frac{(-1)^s}{s!\Gamma(-n+s+1)}\left(\frac{x}{2}\right)^{-n+2s} + \sum_{s=n}^{\infty} \frac{(-1)^s}{s!\Gamma(-n+s+1)}\left(\frac{x}{2}\right)^{-n+2s}$$

のように書き換えてみる．ここで，$s<n$ のときは $-n+s+1 \leqq 0$ であるから(1.11)式より $\Gamma(-n+s+1)$ は $\pm\infty$ となって

$$\frac{1}{\Gamma(-n+s+1)} = 0 \qquad (0 \leqq s \leqq n-1)$$

である．したがって，上式の第1の総和は0になり，結局上式は

$$J_{-n}(x) = \sum_{s=n}^{\infty} \frac{(-1)^s}{s!\Gamma(-n+s+1)}\left(\frac{x}{2}\right)^{-n+2s}$$

となる．そこで，この式において $s-n=t$，つまり $s=n+t$ と置き，$\Gamma(n+t+1)=(n+t)!$，$\Gamma(t+1)=t!$ に注意すれば

$$J_{-n}(x) = \sum_{t=0}^{\infty} \frac{(-1)^{n+t}}{(n+t)!\Gamma(t+1)}\left(\frac{x}{2}\right)^{n+2t}$$

$$= (-1)^n \sum_{t=0}^{\infty} \frac{(-1)^t}{t!\Gamma(n+t+1)}\left(\frac{x}{2}\right)^{n+2t} = (-1)^n J_n(x)$$

のように表され，再び(2.50)式が得られるので，$J_n(x)$ と $J_{-n}(x)$ は一次独立ではないことが示される．したがって，(3.1)式の一般解は(3.10)式のような形式とはなりえず，新たな基本解を求めて，それにより一般解を構成しなければならないことになる．ここでは，より直接的な方法により，ほかの特殊解を求めることを試みよう．

ベッセル関数 $J_\nu(x)$ は x と ν の正則関数と考えられるので，x と ν に関する微分はその順序を交換することが可能である．そこで，(3.1)式の y に $J_\nu(x)$，$J_{-\nu}(x)$ を代入して ν について偏微分したのち $\nu=n$ と置けば，

$$\frac{d^2}{dx^2}\left[\frac{\partial J_\nu(x)}{\partial \nu}\right]_{\nu=n} + \frac{1}{x}\frac{d}{dx}\left[\frac{\partial J_\nu(x)}{\partial \nu}\right]_{\nu=n}$$

$$+\left(1-\frac{n^2}{x^2}\right)\left[\frac{\partial J_\nu(x)}{\partial \nu}\right]_{\nu=n} - \frac{2n}{x^2}J_n(x) = 0$$

$$\frac{d^2}{dx^2}\left[\frac{\partial J_{-\nu}(x)}{\partial \nu}\right]_{\nu=n} + \frac{1}{x}\frac{d}{dx}\left[\frac{\partial J_{-\nu}(x)}{\partial \nu}\right]_{\nu=n}$$

1)「ダランベールの判定法」と呼ばれ，例えば，スミルノフ：『高等数学教程2 I巻(第二分冊)』，共立出版(1976)，p. 281を参照．

$$+\left(1-\frac{n^2}{x^2}\right)\left[\frac{\partial J_{-\nu}(x)}{\partial \nu}\right]_{\nu=n}-\frac{2n}{x^2}J_{-n}(x)=0$$

を得る．そこで，上の式から下の式に $(-1)^n$ を掛けた式を引けば，

$$\frac{d^2}{dx^2}\left[\frac{\partial J_\nu(x)}{\partial \nu}-(-1)^n\frac{\partial J_{-\nu}(x)}{\partial \nu}\right]_{\nu=n}+\frac{1}{x}\frac{d}{dx}\left[\frac{\partial J_\nu(x)}{\partial \nu}-(-1)^n\frac{\partial J_{-\nu}(x)}{\partial \nu}\right]_{\nu=n}$$

$$+\left(1-\frac{n^2}{x^2}\right)\left[\frac{\partial J_\nu(x)}{\partial \nu}-(-1)^n\frac{\partial J_{-\nu}(x)}{\partial \nu}\right]_{\nu=n}-\frac{2n}{x^2}\{J_n(x)-(-1)^nJ_{-n}(x)\}=0$$

となる．ここで

$$N_n(x)\equiv\frac{1}{\pi}\left[\frac{\partial J_\nu(x)}{\partial \nu}-(-1)^n\frac{\partial J_{-\nu}(x)}{\partial \nu}\right]_{\nu=n} \tag{3.11}$$

により関数 $N_n(x)$ を定義し，さらに，(2.50)式を考慮すると $(-1)^nJ_{-n}(x)=(-1)^{2n}J_n(x)=J_n(x)$ であるから，上式は

$$\frac{d^2N_n(x)}{dx^2}+\frac{1}{x}\frac{dN_n(x)}{dx}+\left(1-\frac{n^2}{x^2}\right)N_n(x)=0 \tag{3.12}$$

となって，やはりベッセルの微分方程式に帰着する．つまり，関数 $N_n(x)$ はベッセルの微分方程式の一つの特殊解になっていることがわかる．

そこで，(3.11)式の右辺を具体的に計算してみよう．

まず，(3.9a)式から

$$\left[\frac{\partial J_\nu(x)}{\partial \nu}\right]_{\nu=n}=\left[\sum_{s=0}^{\infty}\frac{(-1)^s}{s!}\frac{\partial}{\partial \nu}\frac{1}{\Gamma(\nu+s+1)}\left(\frac{x}{2}\right)^{\nu+2s}\right]_{\nu=n}$$

$$+\left[\sum_{s=0}^{\infty}\frac{(-1)^s}{s!}\frac{1}{\Gamma(\nu+s+1)}\frac{\partial}{\partial \nu}\left(\frac{x}{2}\right)^{\nu+2s}\right]_{\nu=n} \tag{3.13}$$

であるが，このはじめの総和部分でガンマ関数の導関数が必要になる．そこで，(1.46)式と(1.48)式を使って $x=1$，$m=n+s-1$ と置いてみると

$$\frac{\Gamma'(n+s+1)}{\Gamma(n+s+1)}=\frac{1}{n+s}+\frac{1}{n+s-1}+\cdots+1-\gamma$$

であるから，この式と(1.5)式より

$$\left[\frac{\partial}{\partial \nu}\frac{1}{\Gamma(\nu+s+1)}\right]_{\nu=n}=-\frac{\Gamma'(n+s+1)}{\{\Gamma(n+s+1)\}^2}$$

$$= -\frac{1}{(n+s)!}\left(\frac{1}{n+s}+\frac{1}{n+s-1}+\cdots+1-\gamma\right) \tag{3.14}$$

が得られる．また，

$$\frac{\partial}{\partial\nu}\left(\frac{x}{2}\right)^{\nu+2s} = \left(\frac{x}{2}\right)^{\nu+2s}\ln\frac{x}{2} \tag{3.15}$$

である．したがって，(3.13)式は(3.9a)式を用いて

$$\begin{aligned}\left[\frac{\partial J_\nu(x)}{\partial\nu}\right]_{\nu=n} &= \sum_{s=0}^{\infty}\frac{(-1)^s}{s!}\left(\frac{x}{2}\right)^{n+2s}\left\{-\frac{1}{(n+s)!}\left(\frac{1}{n+s}+\frac{1}{n+s-1}+\cdots+1-\gamma\right)\right\}\\ &\quad+\sum_{s=0}^{\infty}\frac{(-1)^s}{s!\Gamma(n+s+1)}\left(\frac{x}{2}\right)^{n+2s}\ln\frac{x}{2}\\ &= \sum_{s=0}^{\infty}\frac{(-1)^s}{s!}\left(\frac{x}{2}\right)^{n+2s}\left\{-\frac{1}{(n+s)!}\left(\frac{1}{n+s}+\frac{1}{n+s-1}+\cdots+1\right)\right\}\\ &\quad+\sum_{s=0}^{\infty}\frac{(-1)^s}{s!(n+s)!}\left(\frac{x}{2}\right)^{n+2s}\gamma+J_n(x)\ln\frac{x}{2}\\ &= -\sum_{s=0}^{\infty}\frac{(-1)^s}{s!(n+s)!}\left(\frac{x}{2}\right)^{n+2s}\left(\frac{1}{n+s}+\frac{1}{n+s-1}+\cdots+1\right)\\ &\quad+J_n(x)\left(\ln\frac{x}{2}+\gamma\right)\end{aligned} \tag{3.16}$$

となる．

次に，(3.9b)式から

$$\begin{aligned}\left[\frac{\partial J_{-\nu}(x)}{\partial\nu}\right]_{\nu=n} &= \left[\sum_{s=0}^{\infty}\frac{(-1)^s}{s!}\frac{\partial}{\partial\nu}\frac{1}{\Gamma(-\nu+s+1)}\left(\frac{x}{2}\right)^{-\nu+2s}\right]_{\nu=n}\\ &\quad+\left[\sum_{s=0}^{\infty}\frac{(-1)^s}{s!}\frac{1}{\Gamma(-\nu+s+1)}\frac{\partial}{\partial\nu}\left(\frac{x}{2}\right)^{-\nu+2s}\right]_{\nu=n}\\ &= \left[\sum_{s=0}^{n-1}\frac{(-1)^s}{s!}\frac{\partial}{\partial\nu}\frac{1}{\Gamma(-\nu+s+1)}\left(\frac{x}{2}\right)^{-\nu+2s}\right.\\ &\quad+\frac{(-1)^n}{n!}\frac{\partial}{\partial\nu}\frac{1}{\Gamma(-\nu+n+1)}\left(\frac{x}{2}\right)^{-\nu+2n}\end{aligned}$$

$$+\sum_{s=n+1}^{\infty}\frac{(-1)^s}{s!}\frac{\partial}{\partial\nu}\frac{1}{\Gamma(-\nu+s+1)}\left(\frac{x}{2}\right)^{-\nu+2s}\Biggr]_{\nu=n}$$

$$+\left[\sum_{s=0}^{\infty}\frac{(-1)^s}{s!}\frac{1}{\Gamma(-\nu+s+1)}\frac{\partial}{\partial\nu}\left(\frac{x}{2}\right)^{-\nu+2s}\right]_{\nu=n} \qquad (3.17)$$

となる．

$s > n$ のときは，(3.14)式と同様になり

$$\left[\frac{\partial}{\partial\nu}\frac{1}{\Gamma(-\nu+s+1)}\right]_{\nu=n}=\frac{1}{(s-n)!}\left(\frac{1}{s-n}+\frac{1}{s-n-1}+\cdots+1-\gamma\right) \qquad (3.18)$$

となる．

また，$s = n$ のときは，(1.6)式と(1.48)式から

$$\left[\frac{\partial}{\partial\nu}\frac{1}{\Gamma(-\nu+s+1)}\right]_{\nu=n}=\frac{\Gamma'(1)}{\{\Gamma(1)\}^2}=-\gamma \qquad (3.19)$$

を得る．

さらに，$s < n$ のときは，(1.46)式に $x=-\nu+s+1\ (\leqq 0)$，$m=n-s-1$ と置くと

$$\frac{\Gamma'(-\nu+n+1)}{\Gamma(-\nu+n+1)}=\frac{1}{-\nu-n}+\frac{1}{-\nu+n-1}+\cdots+\frac{1}{-\nu+s+1}+\frac{\Gamma'(-\nu+s+1)}{\Gamma(-\nu+s+1)}$$

となるから，この両辺を $\Gamma(-\nu+s+1)$ で除して

$$\frac{1}{\Gamma(-\nu+s+1)}\frac{\Gamma'(-\nu+n+1)}{\Gamma(-\nu+n+1)}$$

$$=\frac{1}{\Gamma(-\nu+s+1)}\left(\frac{1}{-\nu+n}+\frac{1}{-\nu+n-1}+\cdots+\frac{1}{-\nu+s+1}\right)$$

$$+\frac{\Gamma'(-\nu+s+1)}{\{\Gamma(-\nu+s+1)\}^2}$$

が得られる．ここで $-\nu+s+1\leqq 0$ であることに注意して $\nu\to n$ の極限をとると(1.11)式から $\Gamma(-\nu+s+1)\to\pm\infty$ となるので上式は

$$\frac{-\gamma}{\pm\infty} = \frac{1}{\pm\infty}\left(\frac{1}{0}+\frac{1}{-1}+\cdots+\frac{1}{-n+s+1}\right)+\lim_{\nu\to n}\frac{\Gamma'(-\nu+s+1)}{\{\Gamma(-\nu+s+1)\}^2}$$

となって，左辺は0，右辺は第1項が $\dfrac{\infty}{\infty}$ の不定形となるから任意の有限値となり，これと最後の項以外は0になる．したがって，最終的に

$$\lim_{\nu\to n}\frac{\Gamma'(-\nu+s+1)}{\{\Gamma(-\nu+s+1)\}^2} = \lim_{\nu\to n}\frac{1}{\Gamma(-\nu+s+1)}\frac{-1}{-\nu+n}$$

という結果が得られる．そこで(1.36)式，つまり

$$\Gamma(x)\Gamma(1-x) = \frac{\pi}{\sin\pi x}$$

を利用すると，上式の右辺は

$$\begin{aligned}\lim_{\nu\to n}\frac{1}{\Gamma(-\nu+s+1)}\frac{-1}{-\nu+n} &= \lim_{\nu\to n}\frac{\sin\pi(-\nu+s+1)\Gamma(\nu-s)}{\pi}\frac{1}{\nu-n}\\ &= \lim_{\nu\to n}\frac{\sin\pi(\nu-s)}{\nu-n}\frac{(\nu-s-1)!}{\pi}\end{aligned}$$

と変形されるから，ここで $\nu\to n$ とするとき $\dfrac{\sin\pi(\nu-s)}{\nu-n}$ は $\dfrac{0}{0}$ の不定形になるので，これにロピタルの定理を適用してこの分子分母を ν で1回偏微分した後に極限をとれば，上式は

$$最左辺 = \left[\frac{\pi\cos\pi(\nu-s)}{1}\right]_{\nu=n}\frac{(n-s-1)!}{\pi} = (-1)^{n-s}(n-s-1)!$$

となる．よって，$s<n$ のときは，

$$\left[\frac{\partial}{\partial\nu}\frac{1}{\Gamma(-\nu+s+1)}\right]_{\nu=n} = (-1)^{n-s}(n-s-1)! \tag{3.20}$$

となる．

さらに，

$$\frac{\partial}{\partial\nu}\left(\frac{x}{2}\right)^{-\nu+2s} = -\left(\frac{x}{2}\right)^{-\nu+2s}\ln\frac{x}{2} \tag{3.21}$$

である．

したがって，(3.17)式は(3.18)式〜(3.21)式と(3.9b)式を用いれば

$$\left[\frac{\partial J_{-\nu}(x)}{\partial \nu}\right]_{\nu=n} = \sum_{s=0}^{n-1}\frac{(-1)^s(-1)^{n-s}(n-s-1)!}{s!}\left(\frac{x}{2}\right)^{-n+2s} - \frac{(-1)^n}{n!}\left(\frac{x}{2}\right)^n\gamma$$

$$+\sum_{s=n+1}^{\infty}\frac{(-1)^s}{s!}\left(\frac{x}{2}\right)^{-n+2s}\frac{1}{(s-n)!}\left(\frac{1}{s-n}+\frac{1}{s-n-1}+\cdots+1-\gamma\right)$$

$$-\sum_{s=0}^{\infty}\frac{(-1)^s}{s!\Gamma(s-n+1)}\left(\frac{x}{2}\right)^{-n+2s}\ln\frac{x}{2}$$

$$=\sum_{s=0}^{n-1}\frac{(-1)^s(-1)^{n-s}(n-s-1)!}{s!}\left(\frac{x}{2}\right)^{-n+2s}$$

$$+\sum_{s=n+1}^{\infty}\frac{(-1)^s}{s!}\left(\frac{x}{2}\right)^{-n+2s}\frac{1}{(s-n)!}\left(\frac{1}{s-n}+\frac{1}{s-n-1}+\cdots+1\right)$$

$$-\sum_{s=n}^{\infty}\frac{(-1)^s}{s!(s-n)!}\left(\frac{x}{2}\right)^{-n+2s}\gamma - J_{-n}(x)\ln\frac{x}{2}$$

となる．そこで，この最後の式の第2と第3の総和記号において $s-n=t$，つまり $s=n+t$ と置き，さらに(2.50)式，(3.9a)式を用いれば，上式は

$$\left[\frac{\partial J_{-\nu}(x)}{\partial \nu}\right]_{\nu=n} = \sum_{s=0}^{n-1}\frac{(-1)^n(n-s-1)!}{s!}\left(\frac{x}{2}\right)^{-n+2s}$$

$$+(-1)^n\sum_{t=1}^{\infty}\frac{(-1)^t}{t!(n+t)!}\left(\frac{x}{2}\right)^{n+2t}\left(\frac{1}{t}+\frac{1}{t-1}+\cdots+1\right)$$

$$-(-1)^n\sum_{t=0}^{\infty}\frac{(-1)^t}{t!(n+t)!}\left(\frac{x}{2}\right)^{n+2t}\gamma-(-1)^nJ_n(x)\ln\frac{x}{2}$$

$$=(-1)^n\left\{\sum_{s=0}^{n-1}\frac{(n-s-1)!}{s!}\left(\frac{x}{2}\right)^{-n+2s}\right.$$

$$+\sum_{t=1}^{\infty}\frac{(-1)^t}{t!(n+t)!}\left(\frac{x}{2}\right)^{n+2t}\left(\frac{1}{t}+\frac{1}{t-1}+\cdots+1\right)$$

$$\left.-J_n(x)\left(\ln\frac{x}{2}+\gamma\right)\right\} \tag{3.22}$$

となる．

以上によって，位数 ν が正の整数 n，つまり $n=1,2,\cdots$ のときの関数 $N_n(x)$ は，

$$N_n(x) = \frac{1}{\pi}\left\{-\sum_{s=0}^{\infty}\frac{(-1)^s}{s!(n+s)!}\left(\frac{x}{2}\right)^{n+2s}\left(\frac{1}{n+s}+\frac{1}{n+s-1}+\cdots+1\right)\right.$$
$$+J_n(x)\left(\ln\frac{x}{2}+\gamma\right)-\sum_{s=0}^{n-1}\frac{(n-s-1)!}{s!}\left(\frac{x}{2}\right)^{-n+2s}$$
$$-\sum_{t=1}^{\infty}\frac{(-1)^t}{t!(n+t)!}\left(\frac{x}{2}\right)^{n+2t}\left(\frac{1}{t}+\frac{1}{t-1}+\cdots+1\right)$$
$$\left.+J_n(x)\left(\ln\frac{x}{2}+\gamma\right)\right\}$$
$$= \frac{1}{\pi}\left\{2J_n(x)\left(\ln\frac{x}{2}+\gamma\right)-\frac{1}{n!}\left(\frac{x}{2}\right)^n\left(\frac{1}{n}+\frac{1}{n-1}+\cdots+1\right)\right.$$
$$-\sum_{s=1}^{\infty}\frac{(-1)^s}{s!(n+s)!}\left(\frac{x}{2}\right)^{n+2s}\left(\frac{1}{n+s}+\frac{1}{n+s-1}+\cdots+1+\frac{1}{s}\right.$$
$$\left.\left.+\frac{1}{s-1}+\cdots+1\right)-\sum_{s=0}^{n-1}\frac{(n-s-1)!}{s!}\left(\frac{x}{2}\right)^{-n+2s}\right\} \qquad (3.23\text{a})$$

と表される．ここで，一つ目の等号の式の第1と第3の総和を一つにまとめるため，t を s に書き換えてある．

また，$n=0$ のときは，

$$N_0(x) = \frac{2}{\pi}\left\{J_0(x)\left(\ln\frac{x}{2}+\gamma\right)-\sum_{s=1}^{\infty}\frac{(-1)^s}{(s!)^2}\left(\frac{x}{2}\right)^{2s}\left(\frac{1}{s}+\frac{1}{s-1}+\cdots+1\right)\right\} \qquad (3.23\text{b})$$

と表される．

(3.23a, b)式は，ν を正の非整数とするとき

$$N_\nu(x) \equiv \frac{\cos\nu\pi\, J_\nu(x)-J_{-\nu}(x)}{\sin\nu\pi} \qquad (3.24)$$

で定義する関数 $N_\nu(x)$ で $\nu\to n$ とするときの極限として得られ，この関数を**ノイマン関数**(Neumann function)，もしくは**ν 次の第2種ベッセル関数**(Bessel function of the second kind of order ν)と呼ぶ．

実際に(3.24)式で $\nu\to n$ とする極限をとってみると

$$N_n(x) = \lim_{\nu \to n} N_\nu(x) = \lim_{\nu \to n} \frac{\cos \nu\pi\, J_\nu(x) - J_{-\nu}(x)}{\sin \nu\pi} \to \frac{0}{0}$$

のように不定形となるので，ロピタルの定理により分子分母を ν で1回偏微分したのちに極限をとれば，上式は

$$\begin{aligned} N_n(x) &= \lim_{\nu \to n} \frac{-\pi \sin \nu\pi\, J_\nu(x) + \cos \nu\pi \dfrac{\partial J_\nu(x)}{\partial \nu} - \dfrac{\partial J_{-\nu}(x)}{\partial \nu}}{\pi \cos \nu\pi} \\ &= \left[\frac{(-1)^n \dfrac{\partial J_\nu(x)}{\partial \nu} - \dfrac{\partial J_{-\nu}(x)}{\partial \nu}}{(-1)^n \pi} \right]_{\nu = n} \\ &= \frac{1}{\pi} \left[\frac{\partial J_\nu(x)}{\partial \nu} - (-1)^n \frac{\partial J_{-\nu}(x)}{\partial \nu} \right]_{\nu = n} \end{aligned}$$

となって，(3.11)式に一致することが示される．ここに，$\cos n\pi = (-1)^n$ である．

また，ノイマン関数のグラフの幾つかを掲げると，図3.1のようになる．ここで見るように，$x = 0$ 付近では $-\infty$ となるが，それ以外では振動的な変化を示すことがわかる．

以上で関数 $N_n(x)$ の意味がつかめたのでもとへ戻ると，(3.11)式は明らかにベッセル関数 $J_n(x)$ とは一次独立であるから，これらはベッセルの微分方程式(3.1)式の基本解をなすと見てよい．よって，その一般解は

$$y = A_n J_n(x) + B_n N_n(x) \tag{3.25}$$

と表すことができる．ここに，A_n, B_n は任意の定数である．

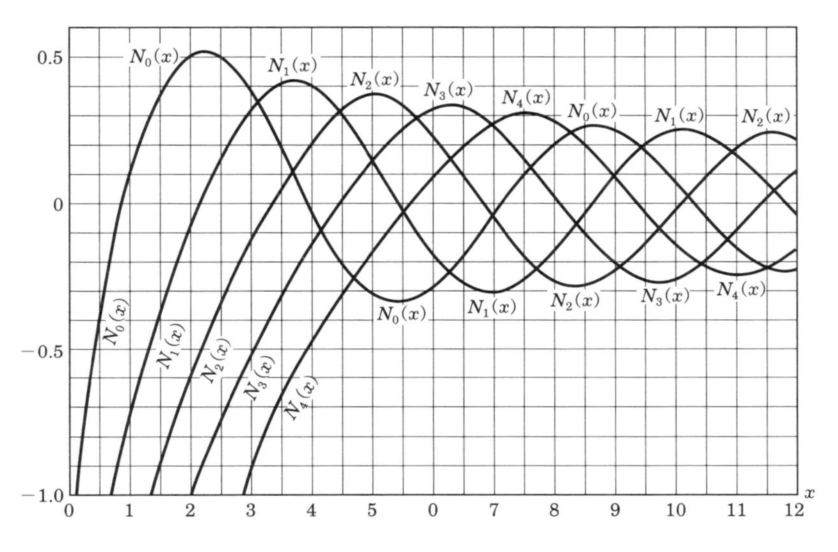

図 3.1　ノイマン関数 $N_n(x)$

第4章

ベッセル関数の性質

4.1 ベッセル関数の母関数と加法定理

ここでは，ベッセル関数 $J_n(x)$ を係数にもつ実数 ξ の整数の冪級数

$$f(x,\xi) = \sum_{n=-\infty}^{\infty} J_n(x)\xi^n \tag{4.1}$$

を考えてみよう．この級数で x^k の係数を考察してみると，(3.9)式から $J_n(x), J_{-n}(x)$ は x^n の項から始まるので，(2.50)式を考慮すると x^k を含むのは $J_{-k}(x), J_{-k+2}(x), \cdots, J_{k-2}(x), J_k(x)$ だけ，ということになる．そこで，(4.1)式の関連する項だけを具体的に表示し，さらにその中の $\left(\dfrac{x}{2}\right)^k$ の項だけを書き出してみると

$$\begin{aligned}
f(x,\xi) &= \cdots + J_{-k}(x)\xi^{-k} + J_{-k+2}(x)\xi^{-k+2} + \cdots + J_{k-2}(x)\xi^{k-2} + J_k(x)\xi^k + \cdots \\
&= \cdots + (-1)^k J_k(x)\xi^{-k} + (-1)^{k-2} J_{k-2}(x)\xi^{-k+2} \\
&\qquad + \cdots + J_{k-2}(x)\xi^{k-2} + J_k(x)\xi^k + \cdots \\
&= \cdots + \frac{(-1)^k}{k!}\left(\frac{x}{2}\right)^k \xi^{-k} + \frac{(-1)^{k-2}(-1)^1}{1!(k-1)!}\left(\frac{x}{2}\right)^k \xi^{-k+2} \\
&\qquad + \cdots + \frac{(-1)^1}{1!(k-1)!}\left(\frac{x}{2}\right)^k \xi^{k-2} + \frac{1}{k!}\left(\frac{x}{2}\right)^k \xi^k + \cdots \\
&= \cdots + \left\{\frac{(-1)^k}{k!}\xi^{-k} + \frac{(-1)^{k-1}}{1!(k-1)!}\xi^{-k+2}\right. \\
&\qquad \left. + \cdots + \frac{(-1)^1}{1!(k-1)!}\xi^{k-2} + \frac{1}{k!}\xi^k\right\}\left(\frac{x}{2}\right)^k + \cdots
\end{aligned} \tag{4.2}$$

となる．

ここで，二項定理による展開式

$$\left(\xi-\frac{1}{\xi}\right)^k=\xi^k+\frac{k!}{1!(k-1)!}\xi^{k-1}\left(-\frac{1}{\xi}\right)^1$$
$$+\cdots+\frac{k!}{(k-1)!1!}\xi\left(-\frac{1}{\xi}\right)^{k-1}+\left(-\frac{1}{\xi}\right)^k$$
$$=\xi^k+\frac{(-1)^1k!}{1!(k-1)!}\xi^{k-2}+\cdots+\frac{(-1)^{k-1}k!}{(k-1)!1!}\xi^{-k+2}+(-1)^k\xi^{-k}$$

を考慮すると，(4.2)式の最後の形式は

$$f(x,\xi)=\cdots+\frac{1}{k!}\left(\xi-\frac{1}{\xi}\right)^k\left(\frac{x}{2}\right)^k+\cdots=\sum_{k=0}^{\infty}\frac{1}{k!}\left(\xi-\frac{1}{\xi}\right)^k\left(\frac{x}{2}\right)^k$$

のようにまとめられる．

そこでさらに，$\varsigma=\frac{x}{2}\left(\xi-\frac{1}{\xi}\right)$ と置いてみると，上式は

$$f(x,\xi)=\sum_{k=0}^{\infty}\frac{\varsigma^k}{k!}=1+\frac{\varsigma}{1!}+\frac{\varsigma^2}{2!}+\cdots=e^{\varsigma}=e^{\frac{x}{2}\left(\xi-\frac{1}{\xi}\right)} \tag{4.3}$$

となって指数関数 e^{ς} のテイラー展開になっていることがわかる．

よって，(4.1)式と(4.3)式とから

$$e^{\frac{x}{2}\left(\xi-\frac{1}{\xi}\right)}=\sum_{n=-\infty}^{\infty}J_n(x)\xi^n \tag{4.4}$$

が得られ，この式の左辺 $e^{\frac{x}{2}\left(\xi-\frac{1}{\xi}\right)}$ を整数次の**ベッセル関数の母関数**(generating function of Bessel function)と呼ぶのである．つまり，母関数 $e^{\frac{x}{2}\left(\xi-\frac{1}{\xi}\right)}$ は，位数が整数であるときのベッセル関数を生成するということである．

さて，母関数の応用について二つほど示しておこう．いま(4.4)式において $\xi=e^{i\theta}$ ($=\cos\theta+i\sin\theta$：オイラーの公式)と置いてみる．このとき $\xi-\frac{1}{\xi}=2i\sin\theta$ となるから，これを(4.4)式の左辺へ代入すれば

(4.4)式の左辺 $=e^{ix\sin\theta}=\cos(x\sin\theta)+i\sin(x\sin\theta)$

となり，また右辺は

(4.4)式の右辺 $=\sum_{n=-\infty}^{\infty}J_n(x)e^{in\theta}=J_0+\sum_{n=1}^{\infty}\{J_n(x)e^{in\theta}+J_{-n}(x)e^{-in\theta}\}$

$$=J_0+\sum_{n=1}^{\infty}J_n(x)\{e^{in\theta}+(-1)^ne^{-in\theta}\}$$

$$= J_0 + \sum_{n=1}^{\infty} J_n(x)[\{1+(-1)^n\}\cos n\theta + \{1-(-1)^n\} i \sin n\theta]$$

と変形される．したがって，上の両式を等置すれば

$$\cos(x\sin\theta) + i\sin(x\sin\theta)$$
$$= J_0(x) + \sum_{n=1}^{\infty} J_n(x)[\{1+(-1)^n\}\cos n\theta + \{1-(-1)^n\} i \sin n\theta]$$

となるので，この実部と虚部からそれぞれ

$$\cos(x\sin\theta) = J_0(x) + \sum_{n=1}^{\infty}\{1+(-1)^n\}J_n(x)\cos n\theta \tag{4.5a}$$

$$\sin(x\sin\theta) = \sum_{n=1}^{\infty}\{1-(-1)^n\}J_n(x)\sin n\theta \tag{4.5b}$$

が得られる．

そこで，三角関数の直交性を考慮して(4.5a)式の両辺に $\cos m\theta$ を掛け，θ について 0 から π まで積分すると

$$\int_0^{\pi}\cos m\theta\cos(x\sin\theta)d\theta$$
$$= J_0(x)\int_0^{\pi}\cos m\theta d\theta + \sum_{n=1}^{\infty}\{1+(-1)^n\}J_n(x)\int_0^{\pi}\cos m\theta\cos n\theta d\theta \tag{4.6}$$

となる．ここで，右辺第一項は明らかに 0 になるが，第二項については $m \neq n$ ならば

$$\int_0^{\pi}\cos m\theta\cos n\theta d\theta = \frac{1}{2}\int_0^{\pi}\{\cos(m-n)\theta + \cos(m+n)\theta\}d\theta$$
$$= \frac{1}{2}\left[\frac{\sin(m-n)\theta}{m-n} + \frac{\sin(m+n)\theta}{m+n}\right]_0^{\pi} = 0$$

であり，$m = n$ ならば

$$\int_0^{\pi}\cos^2 n\theta d\theta = \frac{1}{2}\int_0^{\pi}(1+\cos 2n\theta)d\theta = \frac{1}{2}\left[\theta + \frac{\sin 2n\theta}{2n}\right]_0^{\pi} = \frac{\pi}{2}$$

である．

したがって，(4.6)式は

$$\int_0^\pi \cos n\theta \cos(x \sin\theta)d\theta = \frac{\pi}{2}\{1+(-1)^n\}J_n(x) \tag{4.7}$$

となる．

次に，(4.5b)式の両辺に $\sin m\theta$ を掛けて，θ について0から π まで積分すると

$$\int_0^\pi \sin m\theta \sin(x\sin\theta)d\theta = \sum_{n=1}^{\infty}\{1-(-1)^n\}J_n(x)\int_0^\pi \sin m\theta \sin n\theta\, d\theta \tag{4.8}$$

となる．ここで，$m \neq n$ ならば

$$\int_0^\pi \sin m\theta \sin n\theta\, d\theta = \frac{1}{2}\int_0^\pi \{\cos(m-n)\theta - \cos(m+n)\theta\}d\theta$$

$$= \frac{1}{2}\left[\frac{\sin(m-n)\theta}{m-n} - \frac{\sin(m+n)\theta}{m+n}\right]_0^\pi = 0$$

であり，$m = n$ ならば

$$\int_0^\pi \sin^2 n\theta\, d\theta = \frac{1}{2}\int_0^\pi (1-\cos 2n\theta)d\theta = \frac{1}{2}\left[\theta - \frac{\sin 2n\theta}{2n}\right]_0^\pi = \frac{\pi}{2}$$

である．

したがって，(4.8)式は

$$\int_0^\pi \sin n\theta \sin(x\sin\theta)d\theta = \frac{\pi}{2}\{1-(-1)^n\}J_n(x) \tag{4.9}$$

となる．

しかるに，(4.7)式と(4.9)式を加えれば

$$\int_0^\pi \{\cos n\theta \cos(x\sin\theta) + \sin n\theta \sin(x\sin\theta)\}d\theta = \pi J_n(x)$$

となって，最終的に

$$J_n(x) = \frac{1}{\pi}\int_0^\pi \cos(n\theta - x\sin\theta)d\theta \tag{4.10}$$

が得られる．つまり，ベッセル関数の積分表示が得られたのであるが，こ

れはすでに2.2節の(2.32)式に示したベッセル積分にほかならない.

また,(4.5)式から得られる結果として,(4.5a)式ではnが偶数$2m$(m:正の整数)の項のみが,(4.5b)式ではnが奇数$2m-1$の項のみが残るので,(4.5)式は

$$\cos(x\sin\theta) = J_0(x)+2\sum_{m=1}^{\infty}J_{2m}(x)\cos 2m\theta \tag{4.11a}$$

$$\sin(x\sin\theta) = 2\sum_{m=1}^{\infty}J_{2m-1}(x)\sin(2m-1)\theta \tag{4.11b}$$

のように表されることになる.

(4.11)式で$\theta=\dfrac{\pi}{2}$と置いてみると

$$\cos x = J_0(x)+2\sum_{m=1}^{\infty}(-1)^m J_{2m}(x) \tag{4.12a}$$

$$\sin x = 2\sum_{m=1}^{\infty}(-1)^m J_{2m-1}(x) \tag{4.12b}$$

となり,三角関数のベッセル関数による表示が得られる.

次に,もう一つの応用について述べておこう.それは,(4.4)式におけるxを$x+y$に置き換えるのである.すなわち,

$$e^{\frac{x+y}{2}\left(\xi-\frac{1}{\xi}\right)} = \sum_{n=-\infty}^{\infty}J_n(x+y)\xi^n$$

である.この式の左右両辺を入れ替えた後,その右辺を変形して(4.4)式を適用すれば

$$\sum_{n=-\infty}^{\infty}J_n(x+y)\xi^n = e^{\frac{x}{2}\left(\xi-\frac{1}{\xi}\right)}e^{\frac{y}{2}\left(\xi-\frac{1}{\xi}\right)} = \sum_{s=-\infty}^{\infty}J_s(x)\xi^s\sum_{r=-\infty}^{\infty}J_r(y)\xi^r$$

$$= \sum_{n=-\infty}^{\infty}\xi^n\sum_{s=-\infty}^{\infty}J_s(x)J_{n-s}(y)$$

となる.ただし,$n=s+r$である.すると,この式より

$$J_n(x+y) = \sum_{s=-\infty}^{\infty}J_s(x)J_{n-s}(y) \tag{4.13}$$

のような関係式が得られるが,これは**ベッセル関数の加法定理**(additional

theorem for Bessel function）と呼ばれるものである．

4.2 ベッセル関数の漸化式

次に，(3.9)式から導かれるベッセル関数の漸化式を求めてみよう．まず，(3.9a)式の両辺に x^{ν} を掛けた式

$$x^{\nu}J_{\nu}(x) = \sum_{s=0}^{\infty} \frac{(-1)^s x^{2\nu+2s}}{2^{\nu+2s} s!\,\Gamma(\nu+s+1)}$$

を x で微分するのである．すると，

$$\frac{d}{dx}\{x^{\nu}J_{\nu}(x)\} = \sum_{s=0}^{\infty} (-1)^s \frac{2(\nu+s)x^{2\nu+2s-1}}{2^{\nu+2s} s!\,\Gamma(\nu+s+1)}$$

$$= x^{\nu} \sum_{s=0}^{\infty} \frac{(-1)^s x^{\nu+2s-1}}{2^{\nu+2s-1} s!\,\Gamma(\nu+s)} = x^{\nu}J_{\nu-1}(x),$$

つまり

$$\frac{d}{dx}\{x^{\nu}J_{\nu}(x)\} = x^{\nu}J_{\nu-1}(x) \tag{4.14}$$

が得られる．

今度は(3.9a)式の両辺に $x^{-\nu}$ を掛け，その両辺を x で微分するのである．すなわち，次式

$$x^{-\nu}J_{\nu}(x) = \sum_{s=0}^{\infty} \frac{(-1)^s x^{2s}}{2^{\nu+2s} s!\,\Gamma(\nu+s+1)}$$

から，その微分は

$$\frac{d}{dx}\{x^{-\nu}J_{\nu}(x)\} = \sum_{s=1}^{\infty} (-1)^s \frac{2s x^{2s-1}}{2^{\nu+2s} s!\,\Gamma(\nu+s+1)}$$

$$= \sum_{s=1}^{\infty} (-1)^s \frac{x^{2s-1}}{2^{\nu+2s-1} (s-1)!\,\Gamma(\nu+s+1)}$$

となる．ここで $s=1$ から ∞ までの和とするのは，$s=0$ の項が定数となるので，x で微分するときには0になるからである．そこで，$s-1=t$，つまり $s=t+1$ と置くと上式は

$$\frac{d}{dx}\{x^{-\nu}J_\nu(x)\} = \sum_{t=0}^{\infty}(-1)^{t+1}\frac{x^{2t+1}}{2^{\nu+2t+1}t!\Gamma(\nu+t+2)}$$

$$= -x^{-\nu}\sum_{t=0}^{\infty}\frac{(-1)^t x^{\nu+2t+1}}{2^{\nu+2t+1}t!\Gamma(\nu+t+2)}$$

となるから，t をあらためて s に書き換えて

$$\frac{d}{dx}\{x^{-\nu}J_\nu(x)\} = -x^{-\nu}\sum_{s=0}^{\infty}\frac{(-1)^s}{s!\Gamma(\nu+s+2)}\left(\frac{x}{2}\right)^{\nu+2s+1} = -x^{-\nu}J_{\nu+1}(x),$$

つまり

$$\frac{d}{dx}\{x^{-\nu}J_\nu(x)\} = -x^{-\nu}J_{\nu+1}(x) \tag{4.15}$$

と求められる．

したがって，(4.14)式は

$$\frac{d}{dx}J_\nu(x)+\frac{\nu}{x}J_\nu(x) = J_{\nu-1}(x) \tag{4.16}$$

のように書かれ，また(4.15)式は

$$\frac{d}{dx}J_\nu(x)-\frac{\nu}{x}J_\nu(x) = -J_{\nu+1}(x) \tag{4.17}$$

のように表される．そこで，(4.16)式に(4.17)式を加えれば

$$\frac{d}{dx}J_\nu(x) = \frac{1}{2}\{J_{\nu-1}(x)-J_{\nu+1}(x)\} \tag{4.18}$$

が得られ，また，(4.16)式から(4.17)式を減じると

$$\frac{\nu}{x}J_\nu(x) = \frac{1}{2}\{J_{\nu-1}(x)+J_{\nu+1}(x)\} \tag{4.19}$$

が得られる．こうして求められた(4.16)式〜(4.19)式までを**第1種ベッセル関数の漸化式**(recurrence relations for Bessel function of the first kind)という．

次に，ノイマン関数についてもその形式から同様の漸化式が成り立つと考えられる．つづいては，これを求めてみることにしよう．

(3.24)式と(4.19)式から

$$
\begin{aligned}
N_{\nu-1}(x)+N_{\nu+1}(x) &= \frac{\cos(\nu-1)\pi\, J_{\nu-1}(x)-J_{-\nu+1}(x)}{\sin(\nu-1)\pi} \\
&\quad + \frac{\cos(\nu+1)\pi\, J_{\nu+1}(x)-J_{-\nu-1}(x)}{\sin(\nu+1)\pi} \\
&= \frac{-\cos\nu\pi\, J_{\nu-1}(x)-J_{-\nu+1}(x)}{-\sin\nu\pi} \\
&\quad + \frac{-\cos\nu\pi\, J_{\nu+1}(x)-J_{-\nu-1}(x)}{-\sin\nu\pi} \\
&= \frac{1}{\sin\nu\pi}[\cos\nu\pi\{J_{\nu-1}(x)+J_{\nu+1}(x)\} \\
&\qquad +\{J_{-\nu-1}(x)+J_{-\nu+1}(x)\}] \\
&= \frac{1}{\sin\nu\pi}\left\{\cos\nu\pi\,\frac{2\nu}{x}J_{\nu}(x)+\frac{2(-\nu)}{x}J_{-\nu}(x)\right\} \\
&= \frac{2\nu}{x}\frac{\cos\nu\pi\, J_{\nu}(x)-J_{-\nu}(x)}{\sin\nu\pi} = \frac{2\nu}{x}N_{\nu}(x),
\end{aligned}
$$

すなわち

$$
\frac{\nu}{x}N_{\nu}(x) = \frac{1}{2}\{N_{\nu-1}(x)+N_{\nu+1}(x)\} \tag{4.20}
$$

が得られ，また，(3.24)式と(4.18)式から

$$
\begin{aligned}
N_{\nu-1}(x)-N_{\nu+1}(x) &= \frac{\cos(\nu-1)\pi\, J_{\nu-1}(x)-J_{-\nu+1}(x)}{\sin(\nu-1)\pi} \\
&\quad - \frac{\cos(\nu+1)\pi\, J_{\nu+1}(x)-J_{-\nu-1}(x)}{\sin(\nu+1)\pi} \\
&= \frac{-\cos\nu\pi\, J_{\nu-1}(x)-J_{-\nu+1}(x)}{-\sin\nu\pi} \\
&\quad - \frac{-\cos\nu\pi\, J_{\nu+1}(x)-J_{-\nu-1}(x)}{-\sin\nu\pi} \\
&= \frac{1}{\sin\nu\pi}[\cos\nu\pi\{J_{\nu-1}(x)-J_{\nu+1}(x)\}
\end{aligned}
$$

$$-\{J_{-\nu-1}(x)-J_{-\nu+1}(x)\}]$$

$$= \frac{1}{\sin\nu\pi}\left\{\cos\nu\pi\cdot 2\frac{d}{dx}J_\nu(x)-2\frac{d}{dx}J_{-\nu}(x)\right\}$$

$$= 2\frac{d}{dx}\frac{\cos\nu\pi J_\nu(x)-J_{-\nu}(x)}{\sin\nu\pi} = 2\frac{d}{dx}N_\nu(x),$$

すなわち

$$\frac{d}{dx}N_\nu(x) = \frac{1}{2}\{N_{\nu-1}(x)-N_{\nu+1}(x)\} \tag{4.21}$$

を得る．したがって，(4.20)式に(4.21)式を加えれば

$$\frac{d}{dx}N_\nu(x)+\frac{\nu}{x}N_\nu(x) = N_{\nu-1}(x) \tag{4.22}$$

が得られ，また，(4.21)式から(4.20)式を減ずると

$$\frac{d}{dx}N_\nu(x)-\frac{\nu}{x}N_\nu(x) = -N_{\nu+1}(x) \tag{4.23}$$

が得られる．こうして求められた(4.20)式〜(4.23)式までを**第2種ベッセル関数の漸化式**(recurrence relations for Bessel function of the second kind)という．

これらの漸化式の意味するところは，例えば，第1種ベッセル関数に関していうと，$J_0(x)$ と $J_1(x)$ がわかっているときには(4.19)式から次々に $J_2(x), J_3(x), \cdots$ が求められ，さらに，(4.16)式，(4.17)式から $\frac{d}{dx}J_0(x)$, $\frac{d}{dx}J_1(x), \cdots$ が求められるということである．まったく同様なことが，第2種ベッセル関数についてもいうことができる．

4.3 ベッセル関数の直交性

α, β を任意の定数として 変数 x を αx と βx に書き換えるときは

$$\frac{d}{dx}\to\frac{1}{\alpha}\frac{d}{dx},\quad \frac{d^2}{dx^2}\to\frac{1}{\alpha^2}\frac{d^2}{dx^2}\ ;\qquad \frac{d}{dx}\to\frac{1}{\beta}\frac{d}{dx},\quad \frac{d^2}{dx^2}\to\frac{1}{\beta^2}\frac{d^2}{dx^2}$$

と置きかえればよいので，ベッセル関数

$$u = J_\nu(\alpha x), \qquad v = J_\nu(\beta x) \tag{4.24}$$

に対して，それぞれの満たすべきベッセルの微分方程式は(3.1)式から

$$\frac{d^2u}{dx^2} + \frac{1}{x}\frac{du}{dx} + \alpha^2\left(1 - \frac{\nu^2}{\alpha^2 x^2}\right)u = 0 \tag{4.25a}$$

$$\frac{d^2v}{dx^2} + \frac{1}{x}\frac{dv}{dx} + \beta^2\left(1 - \frac{\nu^2}{\beta^2 x^2}\right)v = 0 \tag{4.25b}$$

となる．したがって，(4.25a)式×v−(4.25b)式×u から

$$v\frac{d^2u}{dx^2} - u\frac{d^2v}{dx^2} + \frac{v}{x}\frac{du}{dx} - \frac{u}{x}\frac{dv}{dx} + (\alpha^2 - \beta^2)uv = 0$$

を得る．そこで，この両辺に x を掛けてさらに整理すれば

$$\frac{d}{dx}\left\{x\left(v\frac{du}{dx} - u\frac{dv}{dx}\right)\right\} + (\alpha^2 - \beta^2)xuv = 0 \tag{4.26}$$

となる．これに(4.24)式を代入すれば

$$\begin{aligned}(\alpha^2 - \beta^2)xJ_\nu(\alpha x)J_\nu(\beta x) &= \frac{d}{dx}\left[x\left\{J_\nu(\alpha x)\frac{d}{dx}J_\nu(\beta x) - J_\nu(\beta x)\frac{d}{dx}J_\nu(\alpha x)\right\}\right] \\ &= \frac{d}{dx}\left[x\left\{\beta J_\nu(\alpha x)\frac{d}{d(\beta x)}J_\nu(\beta x)\right.\right. \\ &\qquad \left.\left. - \alpha J_\nu(\beta x)\frac{d}{d(\alpha x)}J_\nu(\alpha x)\right\}\right]\end{aligned}$$

となるから，$\nu > -1$ であるとしてこの両辺を 0 から x まで積分すると

$$\begin{aligned}(\alpha^2 - \beta^2)\int_0^x xJ_\nu(\alpha x)J_\nu(\beta x)dx &= \left[x\left\{\beta J_\nu(\alpha x)\frac{d}{d(\beta x)}J_\nu(\beta x)\right.\right. \\ &\qquad \left.\left. - \alpha J_\nu(\beta x)\frac{d}{d(\alpha x)}J_\nu(\alpha x)\right\}\right]_0^x \\ &= x\left\{\beta J_\nu(\alpha x)\frac{d}{d(\beta x)}J_\nu(\beta x)\right. \\ &\qquad \left. - \alpha J_\nu(\beta x)\frac{d}{d(\alpha x)}J_\nu(\alpha x)\right\}\end{aligned} \tag{4.27}$$

となる．

ここで $\alpha \neq \beta$ であれば，(4.27)式は

$$\int_0^x xJ_\nu(\alpha x)J_\nu(\beta x)dx = \frac{x}{\alpha^2-\beta^2}\left\{\beta J_\nu(\alpha x)\frac{d}{d(\beta x)}J_\nu(\beta x) - \alpha J_\nu(\beta x)\frac{d}{d(\alpha x)}J_\nu(\alpha x)\right\} \tag{4.28a}$$

のように表される．そこで，さらに(4.17)式を利用すれば

$$\int_0^x xJ_\nu(\alpha x)J_\nu(\beta x)dx = \frac{x}{\alpha^2-\beta^2}\left[\beta J_\nu(\alpha x)\left\{\frac{\nu}{\beta x}J_\nu(\beta x)-J_{\nu+1}(\beta x)\right\} - \alpha J_\nu(\beta x)\left\{\frac{\nu}{\alpha x}J_\nu(\alpha x)-J_{\nu+1}(\alpha x)\right\}\right]$$

$$= \frac{x}{\alpha^2-\beta^2}\{\alpha J_\nu(\beta x)J_{\nu+1}(\alpha x)-\beta J_\nu(\alpha x)J_{\nu+1}(\beta x)\} \tag{4.28b}$$

と書けることになる．ただし，$\nu > -1$ である．

また，$\alpha = \beta$ のときは，(4.28a, b)式の右辺は明らかに $\dfrac{0}{0}$ の不定形になるので，ロピタルの定理により(4.28a)式の分子分母を β で微分してから $\beta \to \alpha$ とすればよい．すなわち，

$$\frac{\text{分子}}{x} = \left[\frac{d}{d\beta}\left\{\beta J_\nu(\alpha x)\frac{d}{d(\beta x)}J_\nu(\beta x)-\alpha J_\nu(\beta x)\frac{d}{d(\alpha x)}J_\nu(\alpha x)\right\}\right]_{\beta=\alpha}$$

$$= \left[J_\nu(\alpha x)\frac{d}{d(\beta x)}J_\nu(\beta x)+\beta xJ_\nu(\alpha x)\frac{d^2}{d(\beta x)^2}J_\nu(\beta x) - \alpha x\frac{d}{d(\beta x)}J_\nu(\beta x)\frac{d}{d(\alpha x)}J_\nu(\alpha x)\right]_{\beta=\alpha}$$

$$= \left[J_\nu(\alpha x)\frac{d}{d(\beta x)}\left\{\beta x\frac{d}{d(\beta x)}J_\nu(\beta x)\right\} - \alpha x\frac{d}{d(\beta x)}J_\nu(\beta x)\frac{d}{d(\alpha x)}J_\nu(\alpha x)\right]_{\beta=\alpha}$$

となる．ここで，ベッセルの微分方程式(3.1)式から

$$\frac{d}{dx}\left\{x\frac{d}{dx}J_\nu(x)\right\} = -\left(x-\frac{\nu^2}{x}\right)J_\nu(x)$$

であるから，これを上式に用いると

$$\frac{分子}{x} = \left[J_\nu(\alpha x)\left\{-\left(\beta x-\frac{\nu^2}{\beta x}\right)J_\nu(\beta x)\right\}-\alpha x\frac{d}{d(\beta x)}J_\nu(\beta x)\frac{d}{d(\alpha x)}J_\nu(\alpha x)\right]_{\beta=\alpha}$$

$$= -\alpha x\left(1-\frac{\nu^2}{\alpha^2x^2}\right)\{J_\nu(\alpha x)\}^2-\alpha x\left\{\frac{d}{d(\alpha x)}J_\nu(\alpha x)\right\}^2,$$

つまり

$$分子 = -\alpha x^2\left(1-\frac{\nu^2}{\alpha^2x^2}\right)\{J_\nu(\alpha x)\}^2-\alpha x^2\left\{\frac{d}{d(\alpha x)}J_\nu(\alpha x)\right\}^2$$

となる．また，分母は

$$分母 = \left[\frac{d}{d\beta}(\alpha^2-\beta^2)\right]_{\beta=\alpha} = -2\alpha$$

のようになる．よって，最終的に

$$\int_0^x x\{J_\nu(\alpha x)\}^2dx = \frac{x^2}{2}\left[\left(1-\frac{\nu^2}{\alpha^2x^2}\right)\{J_\nu(\alpha x)\}^2+\left\{\frac{d}{d(\alpha x)}J_\nu(\alpha x)\right\}^2\right] \tag{4.29}$$

が得られる．ここに求められた(4.28a, b)式と(4.29)式を**ロンメルの公式**(Lommel's formulae)という．

(4.28a, b)式において，左辺の積分の上端と右辺で $x=a\ (\neq 0)$ と置くとき右辺が0となるような超越方程式 $J_\nu(\alpha a)=0$, $J_\nu(\beta a)=0$ の解 $\alpha=\alpha_{\nu i}$, $\beta=\alpha_{\nu j}$（これをベッセル関数の**零点**(zero point)という）に対して(4.28a, b)式は

$$\int_0^a xJ_\nu(\alpha_{\nu i}x)J_\nu(\alpha_{\nu j}x)dx = 0 \qquad (\alpha_{\nu i}\neq\alpha_{\nu j},\ \nu>-1) \tag{4.30}$$

となるから，このとき $J_\nu(\alpha_{\nu i}x)$ と $J_\nu(\alpha_{\nu j}x)$ は重み x に対して直交系をなすことになる．

また，同時に(4.29)式は

$$\int_0^a x\{J_\nu(\alpha_{\nu i}x)\}^2 dx = \frac{a^2}{2}\left\{\frac{d}{d(\alpha_{\nu i}a)}J_\nu(\alpha_{\nu i}a)\right\}^2 \tag{4.31a}$$

となるので，$J_\nu(\alpha_{\nu i}a) = 0$ であることを考慮し，(4.17)式を利用すれば，

$$\int_0^a x\{J_\nu(\alpha_{\nu i}x)\}^2 dx = \frac{a^2}{2}\{J_{\nu+1}(\alpha_{\nu i}a)\}^2 \tag{4.31b}$$

と書ける．

以上の性質を踏まえると，超越方程式 $J_\nu(\alpha a) = 0$ の解を $\alpha = \alpha_{\nu 1}, \alpha_{\nu 2}, \cdots, \alpha_{\nu i}, \cdots$ として，関数 $J_\nu(\alpha_{\nu i}a)$ $(i = 1, 2, \cdots)$ は重み x に対して直交系を構成するから，任意の関数 $f(x)$ は区間 $0 < x < a$ の範囲で

$$f(x) = \sum_{i=1}^{\infty} c_i J_\nu(\alpha_{\nu i}x) \tag{4.32}$$

のように展開できる．ここで，$\alpha_{\nu 1}, \alpha_{\nu 2}, \cdots$ は α の超越方程式 $J_\nu(\alpha a) = 0$ の正の解を大きさの順に並べたものである．したがって，(4.30)式と(4.31a, b)式から(4.32)式の係数 c_i は，(4.32)式の両辺に $xJ_\nu(\alpha_{\nu j}x)$ を掛けて 0 から a まで積分することから求められる．すなわち，$i \neq j$ のときはすべて 0 になり，$i = j$ のときのみが残って

$$\int_0^a xf(x)J_\nu(\alpha_{\nu j}x)dx = \sum_{i=1}^{\infty} c_i \int_0^a xJ_\nu(\alpha_{\nu i}x)J_\nu(\alpha_{\nu j}x)dx = c_j\frac{a^2}{2}\{J_{\nu+1}(\alpha_{\nu j}a)\}^2$$

のようになるから，j を i に書き換えて

$$c_i = \frac{2}{a^2\{J_{\nu+1}(\alpha_{\nu i}a)\}^2}\int_0^a xf(x)J_\nu(\alpha_{\nu i}x)dx \tag{4.33}$$

のように求められる．つまり，(4.33)式を係数にもつ(4.32)式による級数を**ベッセル級数**(Bessel series)という．

4.4 変形ベッセル関数

ここでは，ベッセルの微分方程式(3.1)式で，その独立変数を x から ix $(i = \sqrt{-1}$：虚数単位$)$へ置き換えた方程式

$$\frac{d^2y}{dx^2}+\frac{1}{x}\frac{dy}{dx}-\left(1+\frac{\nu^2}{x^2}\right)y=0 \tag{4.34}$$

について考えよう．これを**変形ベッセルの微分方程式**(modified Bessel's differential equation)と呼ぶが，この基本解はもとの方程式(3.1)式の基本解から $J_\nu(ix)$, $N_\nu(ix)$ と表される．しかし，(4.34)式を見ると x, ν いずれも実数であるから，その解の形式としては実数表示となっている方が実用的には便利である．そこで(3.9a)式の x に ix を代入し，オイラーの公式を使って $e^{i\frac{\pi}{2}\nu}=\left(\cos\frac{\pi}{2}+i\sin\frac{\pi}{2}\right)^\nu=i^\nu$ となることを考慮すると

$$\begin{aligned}J_\nu(ix)&=\sum_{s=0}^{\infty}\frac{(-1)^s}{s!\Gamma(\nu+s+1)}\left(\frac{ix}{2}\right)^{\nu+2s}=i^\nu\sum_{s=0}^{\infty}\frac{(-1)^s i^{2s}}{s!\Gamma(\nu+s+1)}\left(\frac{x}{2}\right)^{\nu+2s}\\&=e^{i\frac{\pi}{2}\nu}\sum_{s=0}^{\infty}\frac{(-1)^{2s}}{s!\Gamma(\nu+s+1)}\left(\frac{x}{2}\right)^{\nu+2s}\\&=e^{i\frac{\pi}{2}\nu}\sum_{s=0}^{\infty}\frac{1}{s!\Gamma(\nu+s+1)}\left(\frac{x}{2}\right)^{\nu+2s}\end{aligned}$$

と変形されるから，この最後の表示式の総和部分を $I_\nu(x)$ と置くことにより新たな関数

$$I_\nu(x)\equiv\sum_{s=0}^{\infty}\frac{1}{s!\Gamma(\nu+s+1)}\left(\frac{x}{2}\right)^{\nu+2s} \tag{4.35}$$

を定義する．これは**第1種変形ベッセル関数**(modified Bessel function of the first kind)と呼ばれるもので，ベッセル関数とは

$$I_\nu(x)=e^{-i\frac{\pi}{2}\nu}J_\nu(ix) \tag{4.36}$$

のような関係で結びついている．

ここで，$\nu=n$（非負の整数）の場合を考えてみよう．このときは，(2.50)式から

$$\begin{aligned}I_{-n}(x)&=e^{i\frac{\pi}{2}n}J_{-n}(ix)=i^n(-1)^nJ_n(ix)=(-i)^nJ_n(ix)\\&=e^{-i\frac{\pi}{2}n}J_n(ix)=I_n(x),\end{aligned}$$

つまり

$$I_{-n}(x)=I_n(x) \tag{4.37}$$

が得られる．すなわち，$\nu\neq n$ の場合には $I_\nu(x)$ と $I_{-\nu}(x)$ は一次独立で変形ベッセルの微分方程式(4.34)式の基本解を構成するが，$\nu=n$ の場合にはベッセルの微分方程式(3.1)式の一つの解であるノイマン関数に相当する別の変形ベッセル関数を求めなければならない．ここでも，3.2節で行ったのと同様な直接的方法によりそれを求めることを試みよう．

変形ベッセル関数 $I_\nu(x)$ は x と ν の正則関数と考えられるので，x と ν に関する微分はその順序を交換することが可能である．そこで，(4.34)式の y に $I_\nu(x)$, $I_{-\nu}(x)$ を代入した式を ν について偏微分した後，$\nu=n$ と置いてみると

$$\frac{d^2}{dx^2}\left[\frac{\partial I_\nu(x)}{\partial\nu}\right]_{\nu=n}+\frac{1}{x}\frac{d}{dx}\left[\frac{\partial I_\nu(x)}{\partial\nu}\right]_{\nu=n}$$
$$-\left(1+\frac{n^2}{x^2}\right)\left[\frac{\partial I_\nu(x)}{\partial\nu}\right]_{\nu=n}-\frac{2n}{x^2}I_n(x)=0$$

$$\frac{d^2}{dx^2}\left[\frac{\partial I_{-\nu}(x)}{\partial\nu}\right]_{\nu=n}+\frac{1}{x}\frac{d}{dx}\left[\frac{\partial I_{-\nu}(x)}{\partial\nu}\right]_{\nu=n}$$
$$-\left(1+\frac{n^2}{x^2}\right)\left[\frac{\partial I_{-\nu}(x)}{\partial\nu}\right]_{\nu=n}-\frac{2n}{x^2}I_{-n}(x)=0$$

を得るので，下の式から上の式を引いてみると

$$\frac{d^2}{dx^2}\left[\frac{\partial I_{-\nu}(x)}{\partial\nu}-\frac{\partial I_\nu(x)}{\partial\nu}\right]_{\nu=n}+\frac{1}{x}\frac{d}{dx}\left[\frac{\partial I_{-\nu}(x)}{\partial\nu}-\frac{\partial I_\nu(x)}{\partial\nu}\right]_{\nu=n}$$
$$-\left(1+\frac{n^2}{x^2}\right)\left[\frac{\partial I_{-\nu}(x)}{\partial\nu}-\frac{\partial I_\nu(x)}{\partial\nu}\right]_{\nu=n}-\frac{2n}{x^2}\{I_{-n}(x)-I_n(x)\}=0$$

となる．ここで(4.37)式を考慮し，さらに

$$K_n(x)\equiv\frac{(-1)^n}{2}\left[\frac{\partial I_{-\nu}(x)}{\partial\nu}-\frac{\partial I_\nu(x)}{\partial\nu}\right]_{\nu=n} \tag{4.38}$$

により関数 $K_n(x)$ を定義すると，上式は

$$\frac{d^2K_n(x)}{dx^2}+\frac{1}{x}\frac{dK_n(x)}{dx}-\left(1+\frac{n^2}{x^2}\right)K_n(x)=0 \tag{4.39}$$

のように表されて，やはり変形ベッセルの微分方程式に帰着する．つまり，関数 $K_n(x)$ は変形ベッセルの微分方程式の一つの特殊解になっていることがわかる．

そこで，(4.38)式の右辺を具体的に計算してみよう．

まず，(3.14)式と(3.15)式から

$$\left[\frac{\partial I_\nu(x)}{\partial \nu}\right]_{\nu=n} = \left[\sum_{s=0}^{\infty}\frac{1}{s!}\frac{\partial}{\partial \nu}\frac{1}{\Gamma(\nu+s+1)}\left(\frac{x}{2}\right)^{\nu+2s}\right]_{\nu=n} + \left[\sum_{s=0}^{\infty}\frac{1}{s!}\frac{1}{\Gamma(\nu+s+1)}\frac{\partial}{\partial \nu}\left(\frac{x}{2}\right)^{\nu+2s}\right]_{\nu=n}$$

$$= \sum_{s=0}^{\infty}\frac{1}{s!}\left(\frac{x}{2}\right)^{n+2s}\left\{-\frac{1}{(n+s)!}\left(\frac{1}{n+s}+\frac{1}{n+s-1}+\cdots+1-\gamma\right)\right\} + \sum_{s=0}^{\infty}\frac{1}{s!\Gamma(n+s+1)}\left(\frac{x}{2}\right)^{n+2s}\ln\frac{x}{2}$$

$$= \sum_{s=0}^{\infty}\frac{1}{s!}\left(\frac{x}{2}\right)^{n+2s}\left\{-\frac{1}{(n+s)!}\left(\frac{1}{n+s}+\frac{1}{n+s-1}+\cdots+1\right)\right\} + \sum_{s=0}^{\infty}\frac{1}{s!(n+s)!}\left(\frac{x}{2}\right)^{n+2s}\gamma + I_n(x)\ln\frac{x}{2}$$

$$= -\sum_{s=0}^{\infty}\frac{1}{s!(n+s)!}\left(\frac{x}{2}\right)^{n+2s}\left(\frac{1}{n+s}+\frac{1}{n+s-1}+\cdots+1\right) + I_n(x)\left(\ln\frac{x}{2}+\gamma\right) \qquad (4.40)$$

と求まり，また，(3.18)式〜(3.21)式と(4.37)式から

$$\left[\frac{\partial I_{-\nu}(x)}{\partial \nu}\right]_{\nu=n} = \left[\sum_{s=0}^{\infty}\frac{1}{s!}\frac{\partial}{\partial \nu}\frac{1}{\Gamma(-\nu+s+1)}\left(\frac{x}{2}\right)^{-\nu+2s}\right]_{\nu=n} + \left[\sum_{s=0}^{\infty}\frac{1}{s!}\frac{1}{\Gamma(-\nu+s+1)}\frac{\partial}{\partial \nu}\left(\frac{x}{2}\right)^{-\nu+2s}\right]_{\nu=n}$$

$$= \left[\sum_{s=0}^{n-1}\frac{1}{s!}\frac{\partial}{\partial \nu}\frac{1}{\Gamma(-\nu+s+1)}\left(\frac{x}{2}\right)^{-\nu+2s}\right.$$

$$+\frac{1}{n!}\frac{\partial}{\partial\nu}\frac{1}{\Gamma(-\nu+n+1)}\left(\frac{x}{2}\right)^{-\nu+2n}$$

$$\left.+\sum_{s=n+1}^{\infty}\frac{1}{s!}\frac{\partial}{\partial\nu}\frac{1}{\Gamma(-\nu+s+1)}\left(\frac{x}{2}\right)^{-\nu+2s}\right]_{\nu=n}$$

$$+\left[\sum_{s=0}^{\infty}\frac{1}{s!}\frac{1}{\Gamma(-\nu+s+1)}\frac{\partial}{\partial\nu}\left(\frac{x}{2}\right)^{-\nu+2s}\right]_{\nu=n}$$

$$=\sum_{s=0}^{n-1}\frac{(-1)^{n-s}(n-s-1)!}{s!}\left(\frac{x}{2}\right)^{-n+2s}-\frac{1}{n!}\left(\frac{x}{2}\right)^{n}\gamma$$

$$+\sum_{s=n+1}^{\infty}\frac{1}{s!}\frac{1}{(s-n)!}\left(\frac{x}{2}\right)^{-n+2s}\left(\frac{1}{s-n}+\frac{1}{s-n-1}+\cdots+1-\gamma\right)$$

$$-\sum_{s=0}^{\infty}\frac{1}{s!\Gamma(s-n+1)}\left(\frac{x}{2}\right)^{-n+2s}\ln\frac{x}{2}$$

$$=\sum_{s=0}^{n-1}\frac{(-1)^{n-s}(n-s-1)!}{s!}\left(\frac{x}{2}\right)^{-n+2s}$$

$$+\sum_{s=n+1}^{\infty}\frac{1}{s!}\frac{1}{(s-n)!}\left(\frac{x}{2}\right)^{-n+2s}\left(\frac{1}{s-n}+\frac{1}{s-n-1}+\cdots+1\right)$$

$$-\sum_{s=n}^{\infty}\frac{1}{s!(s-n)!}\left(\frac{x}{2}\right)^{-n+2s}\gamma-I_{-n}(x)\ln\frac{x}{2}$$

$$=\sum_{s=0}^{n-1}\frac{(-1)^{n-s}(n-s-1)!}{s!}\left(\frac{x}{2}\right)^{-n+2s}$$

$$+\sum_{t=1}^{\infty}\frac{1}{t!(n+t)!}\left(\frac{x}{2}\right)^{n+2t}\left(\frac{1}{t}+\frac{1}{t-1}+\cdots+1\right)$$

$$-\sum_{t=0}^{\infty}\frac{1}{t!(n+t)!}\left(\frac{x}{2}\right)^{n+2t}\gamma-I_{n}(x)\ln\frac{x}{2}$$

$$=\sum_{s=0}^{n-1}\frac{(-1)^{n-s}(n-s-1)!}{s!}\left(\frac{x}{2}\right)^{-n+2s}$$

$$+\sum_{t=1}^{\infty}\frac{1}{t!(n+t)!}\left(\frac{x}{2}\right)^{n+2t}\left(\frac{1}{t}+\frac{1}{t-1}+\cdots+1\right)-I_{n}(x)\left(\ln\frac{x}{2}+\gamma\right) \tag{4.41}$$

のように得られる．ただし，上式の第2の総和記号の部分は $s-n=t$ に置き換えてある．

したがって，位数 ν が正の整数 n，つまり $n=1,2,\cdots$ のときの関数 $K_n(x)$ は，(4.40)式と(4.41)式を(4.38)式へ代入して

$$K_n(x)=\frac{(-1)^n}{2}\left\{\sum_{s=0}^{n-1}\frac{(-1)^{n-s}(n-s-1)!}{s!}\left(\frac{x}{2}\right)^{-n+2s}\right.$$
$$+\sum_{t=1}^{\infty}\frac{1}{t!(n+t)!}\left(\frac{x}{2}\right)^{n+2t}\left(\frac{1}{t}+\frac{1}{t-1}+\cdots+1\right)$$
$$-I_n(x)\left(\ln\frac{x}{2}+\gamma\right)$$
$$+\sum_{s=0}^{\infty}\frac{1}{s!(n+s)!}\left(\frac{x}{2}\right)^{n+2s}\left(\frac{1}{n+s}+\frac{1}{n+s-1}+\cdots+1\right)$$
$$\left.-I_n(x)\left(\ln\frac{x}{2}+\gamma\right)\right\}$$

となる．ここであらためて t を s に書き換え，さらに $(-1)^n(-1)^{n-s}=(-1)^{2n}(-1)^{-s}=(-1)^s$ となることに注意すれば，

$$K_n(x)=-(-1)^nI_n(x)\left(\ln\frac{x}{2}+\gamma\right)+\frac{1}{2}\sum_{s=0}^{n-1}\frac{(-1)^s(n-s-1)!}{s!}\left(\frac{x}{2}\right)^{-n+2s}$$
$$+\frac{(-1)^n}{2}\frac{1}{n!}\left(\frac{x}{2}\right)^n\left(\frac{1}{n}+\frac{1}{n-1}+\cdots+1\right)$$
$$+\frac{(-1)^n}{2}\sum_{s=1}^{\infty}\frac{1}{s!(n+s)!}\left(\frac{x}{2}\right)^{n+2s}\left(\frac{1}{n+s}+\frac{1}{n+s-1}+\cdots+1\right.$$
$$\left.+\frac{1}{s}+\frac{1}{s-1}+\cdots+1\right) \tag{4.42a}$$

のようになる．

また，$n=0$ のときは，

$$K_0(x) = -I_0(x)\left(\ln\frac{x}{2}+\gamma\right)+\sum_{s=1}^{\infty}\frac{1}{(s!)^2}\left(\frac{x}{2}\right)^{2s}\left(\frac{1}{s}+\frac{1}{s-1}+\cdots+1\right) \tag{4.42b}$$

のように表される．

(4.42a, b)式は，ν を正の非整数とするとき

$$K_\nu(x) \equiv \frac{\pi}{2}\frac{I_{-\nu}(x)-I_\nu(x)}{\sin\nu\pi} \tag{4.43}$$

で定義する関数 $K_\nu(x)$ において $\nu\to n$ とするときの極限として得られ，この関数を**第 2 種変形ベッセル関数**(modified Bessel function of the second kind)という．そこで，(4.37)式を考慮しつつ(4.43)式において $\nu\to n$ とする極限をとってみると，

$$K_n(x) = \lim_{\nu\to n}K_\nu(x) = \frac{\pi}{2}\lim_{\nu\to n}\frac{I_{-\nu}(x)-I_\nu(x)}{\sin\nu\pi} \to \frac{0}{0}$$

となる．そこで，ロピタルの定理を使うと

$$K_n(x) = \frac{\pi}{2}\lim_{\nu\to n}\frac{\dfrac{\partial I_{-\nu}(x)}{\partial\nu}-\dfrac{\partial I_\nu(x)}{\partial\nu}}{\pi\cos\nu\pi} = \frac{(-1)^n}{2}\left[\frac{\partial I_{-\nu}(x)}{\partial\nu}-\frac{\partial I_\nu(x)}{\partial\nu}\right]_{\nu=n}$$

となり，(4.38)式に一致することがわかる．ここで，$\cos n\pi = (-1)^n$ である．

こうして得られた(4.42a, b)式は明らかに変形ベッセル関数 $I_n(x)$ とは 1 次独立であるから，これらは変形ベッセルの微分方程式(4.34)式の基本解をなす．よって，その一般解は

$$y = A_nI_n(x)+B_nK_n(x) \tag{4.44}$$

と表すことができる．ここに，A_n, B_n は任意の定数である．

なお，変形ベッセル関数 $I_n(x)$ と $K_n(x)$ の幾つかのグラフを示すと，図 4.1 のようになる．

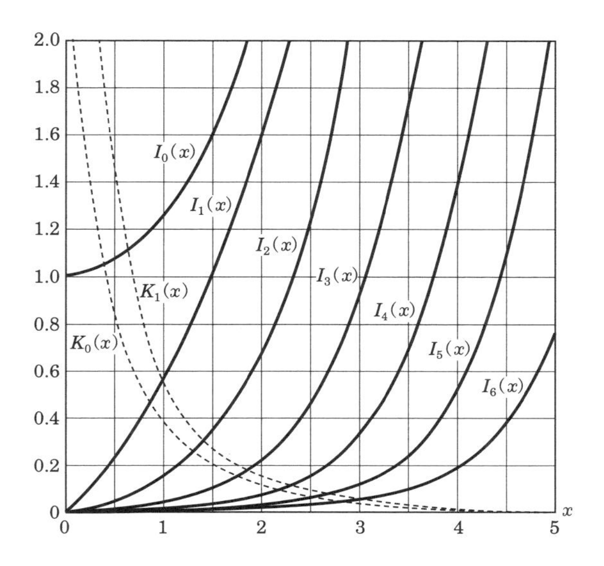

図 4.1　変形ベッセル関数 $I_n(x)$ と $K_n(x)$

4.5 変形ベッセル関数の漸化式

ここでは，変形ベッセル関数の漸化式を求めてみよう．それには，4.2節で得られたベッセル関数の漸化式(4.16)式〜(4.19)式で，x を ix に置き換えてみればよい．そのとき，オイラーの公式より

$$e^{\pm i\frac{\pi}{2}} = \cos\frac{\pi}{2} \pm i\sin\frac{\pi}{2} = \pm i \tag{4.45}$$

であることと，(4.36)式から得られる

$$J_\nu(ix) = e^{i\frac{\pi}{2}\nu} I_\nu(x) \tag{4.46}$$

を利用する．

まず，(4.16)式から

$$\frac{d}{d(ix)}J_\nu(ix)+\frac{\nu}{ix}J_\nu(ix)=J_{\nu-1}(ix)$$

を得るので，(4.45)式と(4.46)式を使って変形すると

$$-i\frac{d}{dx}e^{i\frac{\pi}{2}\nu}I_\nu(x)-i\frac{\nu}{x}e^{i\frac{\pi}{2}\nu}I_\nu(x)=e^{i\frac{\pi}{2}(\nu-1)}I_{\nu-1}(x)$$

$$e^{i\frac{\pi}{2}(\nu-1)}\frac{d}{dx}I_\nu(x)+e^{i\frac{\pi}{2}(\nu-1)}\frac{\nu}{x}I_\nu(x)=e^{i\frac{\pi}{2}(\nu-1)}I_{\nu-1}(x),$$

つまり

$$\frac{d}{dx}I_\nu(x)+\frac{\nu}{x}I_\nu(x)=I_{\nu-1}(x) \tag{4.47}$$

が得られる．

次に，(4.17)式より

$$\frac{d}{d(ix)}J_\nu(ix)-\frac{\nu}{ix}J_\nu(ix)=-J_{\nu+1}(ix)$$

を得るから，(4.45)式と(4.46)式を使って変形すると

$$-i\frac{d}{dx}e^{i\frac{\pi}{2}\nu}I_\nu(x)+i\frac{\nu}{x}e^{i\frac{\pi}{2}\nu}I_\nu(x)=-e^{i\frac{\pi}{2}(\nu+1)}I_{\nu+1}(x)$$

$$-e^{i\frac{\pi}{2}}\frac{d}{dx}e^{i\frac{\pi}{2}\nu}I_\nu(x)+e^{i\frac{\pi}{2}}\frac{\nu}{x}e^{i\frac{\pi}{2}\nu}I_\nu(x)=-e^{i\frac{\pi}{2}(\nu+1)}I_{\nu+1}(x)$$

$$-e^{i\frac{\pi}{2}(\nu+1)}\frac{d}{dx}I_\nu(x)+e^{i\frac{\pi}{2}(\nu+1)}\frac{\nu}{x}I_\nu(x)=-e^{i\frac{\pi}{2}(\nu+1)}I_{\nu+1}(x),$$

すなわち

$$\frac{d}{dx}I_\nu(x)-\frac{\nu}{x}I_\nu(x)=I_{\nu+1}(x) \tag{4.48}$$

が得られる．

そして，(4.47)式に(4.48)式を加えると

$$\frac{d}{dx}I_\nu(x)=\frac{1}{2}\{I_{\nu-1}(x)+I_{\nu+1}(x)\} \tag{4.49}$$

が得られ，また，(4.47)式から(4.48)式を減じると

$$\frac{\nu}{x}I_\nu(x) = \frac{1}{2}\{I_{\nu-1}(x)-I_{\nu+1}(x)\} \tag{4.50}$$

が得られる．

こうして求められた(4.47)式～(4.50)式までを**第1種変形ベッセル関数の漸化式**(recurrence relations for modified Bessel function of the first kind)という．

次に，同様なことを第2種変形ベッセル関数についても考えよう．ノイマン関数と同様に，この場合も第1種変形ベッセル関数と類似の漸化式が成り立つと考えられる．そこで，(4.43)式と(4.50)式とから

$$\begin{aligned}
K_{\nu-1}(x)-K_{\nu+1}(x) &= \frac{\pi}{2}\frac{I_{-\nu+1}(x)-I_{\nu-1}(x)}{\sin(\nu-1)\pi}-\frac{\pi}{2}\frac{I_{-\nu-1}(x)-I_{\nu+1}(x)}{\sin(\nu+1)\pi} \\
&= \frac{\pi}{2}\frac{-I_{-\nu+1}(x)+I_{\nu-1}(x)}{\sin\nu\pi}+\frac{\pi}{2}\frac{I_{-\nu-1}(x)-I_{\nu+1}(x)}{\sin\nu\pi} \\
&= \frac{\pi}{2\sin\nu\pi}[\{I_{-\nu-1}(x)-I_{-\nu+1}(x)\} \\
&\qquad +\{I_{\nu-1}(x)-I_{\nu+1}(x)\}] \\
&= \frac{\pi}{2\sin\nu\pi}\left\{-\frac{2\nu}{x}I_{-\nu}(x)+\frac{2(-\nu)}{x}I_\nu(x)\right\} \\
&= -\frac{2\nu}{x}\frac{\pi}{2}\frac{I_{-\nu}(x)-I_\nu(x)}{\sin\nu\pi} = -\frac{2\nu}{x}K_\nu(x)
\end{aligned}$$

となるので，これより

$$-\frac{\nu}{x}K_\nu(x) = \frac{1}{2}\{K_{\nu-1}(x)-K_{\nu+1}(x)\} \tag{4.51}$$

が得られる．また，(4.43)式と(4.49)式から

$$\begin{aligned}
K_{\nu-1}(x)+K_{\nu+1}(x) &= \frac{\pi}{2}\frac{I_{-\nu+1}(x)-I_{\nu-1}(x)}{\sin(\nu-1)\pi}+\frac{\pi}{2}\frac{I_{-\nu-1}(x)-I_{\nu+1}(x)}{\sin(\nu+1)\pi} \\
&= \frac{\pi}{2}\frac{-I_{-\nu+1}(x)+I_{\nu-1}(x)}{\sin\nu\pi}-\frac{\pi}{2}\frac{I_{-\nu-1}(x)-I_{\nu+1}(x)}{\sin\nu\pi}
\end{aligned}$$

$$= \frac{\pi}{2 \sin \nu\pi} [-\{I_{-\nu-1}(x) + I_{-\nu+1}(x)\}$$

$$+ \{I_{\nu-1}(x) + I_{\nu+1}(x)\}]$$

$$= -\frac{\pi}{2 \sin \nu\pi} \left\{ 2\frac{d}{dx} I_{-\nu}(x) - 2\frac{d}{dx} I_{\nu}(x) \right\}$$

$$= -2\frac{d}{dx} \frac{\pi}{2} \frac{I_{-\nu}(x) - I_{\nu}(x)}{\sin \nu\pi} = -2\frac{d}{dx} K_{\nu}(x)$$

となるので，これより

$$-\frac{d}{dx} K_{\nu}(x) = \frac{1}{2} \{K_{\nu-1}(x) + K_{\nu+1}(x)\} \tag{4.52}$$

を得る．したがって，(4.51)式と(4.52)式を加えれば

$$\frac{d}{dx} K_{\nu}(x) + \frac{\nu}{x} K_{\nu}(x) = -K_{\nu-1}(x) \tag{4.53}$$

が得られ，また，(4.51)式から(4.52)式を引き算すると

$$\frac{d}{dx} K_{\nu}(x) - \frac{\nu}{x} K_{\nu}(x) = -K_{\nu+1}(x) \tag{4.54}$$

が得られる．

こうして求められた(4.51)式〜(4.54)式までを**第2種変形ベッセル関数の漸化式**(recurrence relations for modified Bessel function of the second kind)という．

これらの漸化式の意味するところは，例えば $I_0(x)$ と $I_1(x)$ がわかっているときには(4.50)式から次々に $I_2(x), I_3(x), \cdots$ が求められ，さらに，(4.47)式，(4.48)式からは $\frac{d}{dx} I_0(x), \frac{d}{dx} I_1(x), \cdots$ が求められるのである．まったく同様なことが，第2種変形ベッセル関数についてもいうことができる．

第5章

太鼓の膜の振動

5.1 膜の波動方程式

膜はいたるところ面密度(単位面積あたりの膜の質量)ρ の均質膜を考え，一平面内にある変形しない円形枠に張られているものとする．このとき，振動による膜の変位はわずかであるとして，それによる張力の変化は無視し，膜に生じる単位長さあたりの張力を S とする．また，つりあいの状態にあるときの膜の表面を xy 面として，膜の各部の変位を z で表す直交座標 O-xyz を導入すれば(図5.1)，z は x, y および時間 t の関数になる．

いま，図5.1のように膜の微小な矩形部分 ABCD に注目すると，座標 x の縁 AD での張力 $S\varDelta y$ の z 成分は，図から

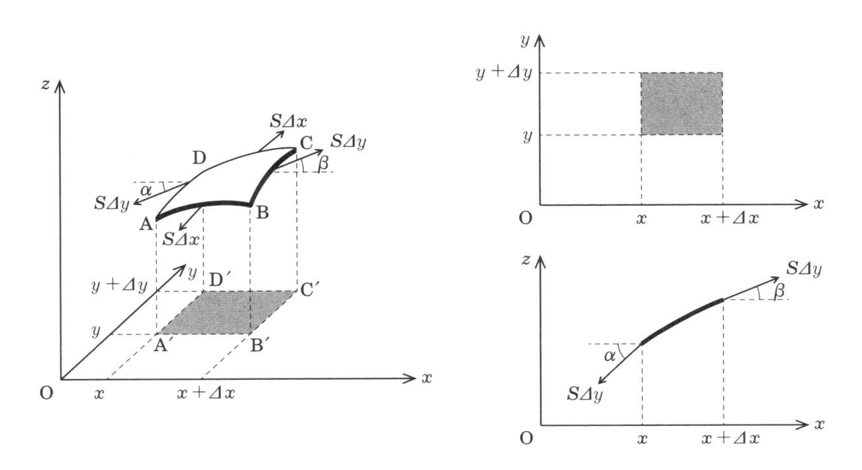

図5.1 振動する膜

$$-S\Delta y\sin\alpha\cong -S\Delta y\tan\alpha = -S\Delta y\frac{\partial z(x,t)}{\partial x}$$

となる．ここに，α は縁 AD での張力 $S\Delta y$ の x 軸となす微小角である．また，座標 $x+\Delta x$ の縁 BC での張力 $S\Delta y$ の z 成分は，

$$S\Delta y\sin\beta\cong S\Delta y\tan\beta = S\Delta y\frac{\partial z(x+\Delta x,t)}{\partial x}$$

となる．ここに，β は縁 BC での張力 $S\Delta y$ の x 軸となす微小角である．したがって，z 軸方向の合力 X_z は上記二力の和で与えられ，

$$\begin{aligned}X_z &= S\Delta y\frac{\partial z(x+\Delta x,t)}{\partial x}-S\Delta y\frac{\partial z(x,t)}{\partial x}\\ &= S\Delta y\frac{\partial}{\partial x}\{z(x+\Delta x,t)-z(x,t)\}\\ &\cong S\Delta y\frac{\partial}{\partial x}\frac{\partial z(x,t)}{\partial x}\Delta x = S\frac{\partial^2 z}{\partial x^2}\Delta x\Delta y \qquad (5.1)\end{aligned}$$

となる．

まったく同様に考えて，縁 AB と縁 DC に働く張力 $S\Delta x$ の z 成分による合力 Y_z は，

$$\begin{aligned}Y_z &= S\Delta x\frac{\partial z(y+\Delta y,t)}{\partial y}-S\Delta x\frac{\partial z(y,t)}{\partial y}\\ &= S\Delta x\frac{\partial}{\partial y}\{z(y+\Delta y,t)-z(y,t)\}\\ &\cong S\Delta x\frac{\partial}{\partial y}\frac{\partial z(y,t)}{\partial y}\Delta y = S\frac{\partial^2 z}{\partial y^2}\Delta x\Delta y \qquad (5.2)\end{aligned}$$

と得られる．

したがって，膜の微小な矩形部分 ABCD の質量はほぼ $\rho\Delta x\Delta y$ であることに注意して，膜の微小部分 ABCD の z 軸方向の運動方程式は，(5.1)式と(5.2)式から

$$\rho\Delta x\Delta y\frac{\partial^2 z}{\partial t^2} = X_z+Y_z$$

$$= S\frac{\partial^2 z}{\partial x^2}\Delta x\Delta y + S\frac{\partial^2 z}{\partial y^2}\Delta x\Delta y,$$

すなわち

$$\frac{\partial^2 z}{\partial t^2} = c^2\left(\frac{\partial^2 z}{\partial x^2} + \frac{\partial^2 z}{\partial y^2}\right), \qquad c = \sqrt{\frac{S}{\rho}} \tag{5.3}$$

となる．これは2次元の**波動方程式**(wave equation)と呼ばれるものである．

また，張力の x 成分は，α, β が微小角であることから $\cos\alpha = \cos\beta \cong 1$ になるので，$S\Delta y\cos\beta - S\Delta y\cos\alpha \cong 0$ となる．同様に，張力の y 成分も 0 になる．

こうして，円形太鼓の膜の振動を議論する基礎方程式は，(5.3)式であることがわかった．ここで，c は振動(波動)が伝わる速さを表している．

5.2 波動方程式の極座標表示

図5.2に示すような半径 a の円環の周囲に固定された円形膜の振動を考える．この問題を考えるには，円形膜の中心に原点をもつ極座標 (r, θ) を

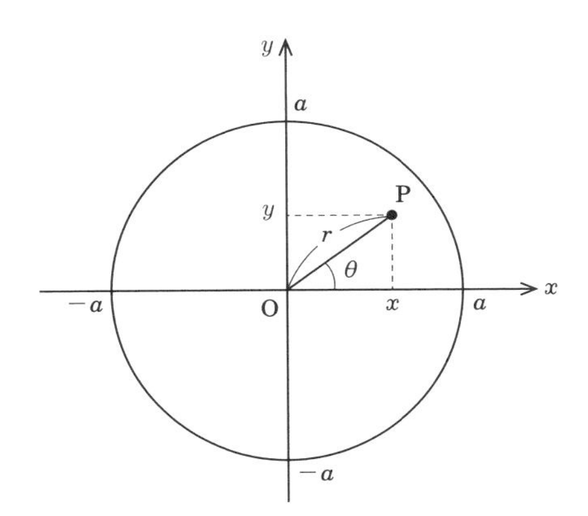

図 5.2　円形膜

導入するのが便利である．この場合，(5.3)式の独立変数を x, y から r, θ へ変更することが必要になるが，$0 \leqq r \leqq a$ の範囲内の任意の点Pの極座標をP(r, θ) とすると，その直交座標P(x, y) との間には

$$x = r\cos\theta, \qquad y = r\sin\theta \tag{5.4}$$

の関係がある．このようにすると膜の変位は r, θ, t の関数となり，それは $z(r, \theta, t)$ と表されることになる．そこで，以下では波動方程式の極座標表示を求めることにしよう．

まず，(5.4)式から

$$\frac{\partial z}{\partial r} = \frac{\partial z}{\partial x}\frac{\partial x}{\partial r} + \frac{\partial z}{\partial y}\frac{\partial y}{\partial r} = \frac{\partial z}{\partial x}\cos\theta + \frac{\partial z}{\partial y}\sin\theta,$$

$$\frac{\partial z}{\partial \theta} = \frac{\partial z}{\partial x}\frac{\partial x}{\partial \theta} + \frac{\partial z}{\partial y}\frac{\partial y}{\partial \theta} = -\frac{\partial z}{\partial x}r\sin\theta + \frac{\partial z}{\partial y}r\cos\theta$$

となるから，これらの式をそれぞれさらに r と θ で微分すれば

$$\begin{aligned}\frac{\partial^2 z}{\partial r^2} &= \left(\frac{\partial^2 z}{\partial x^2}\frac{\partial x}{\partial r} + \frac{\partial^2 z}{\partial y \partial x}\frac{\partial y}{\partial r}\right)\cos\theta + \left(\frac{\partial^2 z}{\partial x \partial y}\frac{\partial x}{\partial r} + \frac{\partial^2 z}{\partial y^2}\frac{\partial y}{\partial r}\right)\sin\theta \\ &= \frac{\partial^2 z}{\partial x^2}\cos^2\theta + 2\frac{\partial^2 z}{\partial x \partial y}\sin\theta\cos\theta + \frac{\partial^2 z}{\partial y^2}\sin^2\theta \end{aligned} \tag{5.5}$$

$$\begin{aligned}\frac{\partial^2 z}{\partial \theta^2} &= -\left(\frac{\partial^2 z}{\partial x^2}\frac{\partial x}{\partial \theta} - \frac{\partial^2 z}{\partial y \partial x}\frac{\partial y}{\partial \theta}\right)r\sin\theta \\ &\qquad + \left(\frac{\partial^2 z}{\partial x \partial y}\frac{\partial x}{\partial \theta} + \frac{\partial^2 z}{\partial y^2}\frac{\partial y}{\partial \theta}\right)r\cos\theta - \frac{\partial z}{\partial x}r\cos\theta - \frac{\partial z}{\partial y}r\sin\theta \\ &= \frac{\partial^2 z}{\partial x^2}r^2\sin^2\theta - 2\frac{\partial^2 z}{\partial x \partial y}r^2\sin\theta\cos\theta + \frac{\partial^2 z}{\partial y^2}r^2\cos^2\theta - r\frac{\partial z}{\partial r}\end{aligned} \tag{5.6}$$

を得る．したがって，(5.5)式と(5.6)式から

$$\frac{\partial^2 z}{\partial r^2} + \frac{1}{r^2}\frac{\partial^2 z}{\partial \theta^2} = \frac{\partial^2 z}{\partial x^2} - \frac{1}{r}\frac{\partial z}{\partial r} + \frac{\partial^2 z}{\partial y^2}$$

となるので，x, y と r, θ を等号を挟んで分離すれば，

$$\frac{\partial^2 z}{\partial x^2}+\frac{\partial^2 z}{\partial y^2} = \frac{\partial^2 z}{\partial r^2}+\frac{1}{r}\frac{\partial z}{\partial r}+\frac{1}{r^2}\frac{\partial^2 z}{\partial \theta^2} \tag{5.7}$$

となる．よって，(5.7)式を(5.3)式へ代入して

$$\frac{\partial^2 z}{\partial t^2} = c^2\left(\frac{\partial^2 z}{\partial r^2}+\frac{1}{r}\frac{\partial z}{\partial r}+\frac{1}{r^2}\frac{\partial^2 z}{\partial \theta^2}\right) \tag{5.8}$$

を得る．これが２次元波動方程式の極座標表示である．

5.3 円形膜の振動

膜の変位を記述する方程式は(5.8)式で与えられることが分かったので，この方程式を解くことを考えよう．それには境界条件が必要で，列挙すると次のようになる．

（a）　膜は $r=a$ で円環に固定：$t \geqq 0$ で $z(a,\theta,t)=0$
（b）　初期変位：$z(r,\theta,0)=f(r,\theta)$
（c）　初速度：$\left(\dfrac{\partial z}{\partial t}\right)_{t=0}=g(r,\theta)$

以上の条件を考慮しながら(5.8)式の特殊解を

$$z(r,\theta,t)=R(r)\Theta(\theta)T(t) \tag{5.9}$$

と仮定して，これを(5.8)式へ代入してみると

$$R\Theta\frac{d^2T}{dt^2} = c^2\left(\Theta T\frac{d^2R}{dr^2}+\frac{\Theta T}{r}\frac{dR}{dr}+\frac{RT}{r^2}\frac{d^2\Theta}{d\theta^2}\right)$$

となる．この両辺を $R\Theta T$ で割れば

$$\frac{1}{T}\frac{d^2T}{dt^2} = \frac{c^2}{R\Theta}\left(\Theta\frac{d^2R}{dr^2}+\frac{\Theta}{r}\frac{dR}{dr}+\frac{R}{r^2}\frac{d^2\Theta}{d\theta^2}\right) \tag{5.10}$$

となり，左辺は t だけの関数に，右辺は r と θ の関数になる．この両辺が等号で結ばれるためには，両辺ともある定数 $-\omega^2$ $(\omega>0)$ に等しくなければならない．負の符号がつくのは，z が発散することはないので，時間の関数 $T(t)$ が t の周期関数になることを要求したことによる．つまり，

$T(t)$ は振動形式の解をもつことを想定したのである．すると，(5.10)式から

$$\frac{d^2T}{dt^2} = -\omega^2 T \tag{5.11}$$

$$-\frac{1}{\Theta}\frac{d^2\Theta}{d\theta^2} = \frac{r^2}{R}\left(\frac{d^2R}{dr^2}+\frac{1}{r}\frac{dR}{dr}\right)+\frac{\omega^2}{c^2}r^2 \tag{5.12}$$

を得るが，(5.12)式は再び左辺が θ のみの関数で，しかも関数 $\Theta(\theta)$ は θ の周期関数でなければならず，さらに右辺は r だけの関数になるから，前述と同様にある定数 n^2（n は非負の整数）に等しくなければならない．すると，(5.12)式はさらに分離されて

$$\frac{d^2\Theta}{d\theta^2} = -n^2\Theta \tag{5.13}$$

$$\frac{d^2R}{dr^2}+\frac{1}{r}\frac{dR}{dr}+\left(\frac{\omega^2}{c^2}-\frac{n^2}{r^2}\right)R = 0 \tag{5.14}$$

となる．ここで新たな独立変数

$$s \equiv \frac{\omega}{c}r \tag{5.15}$$

を定義すると

$$\frac{dR}{dr} = \frac{dR}{ds}\frac{ds}{dr} = \frac{\omega}{c}\frac{dR}{ds},$$

$$\frac{d^2R}{dr^2} = \frac{\omega}{c}\frac{d}{dr}\left(\frac{dR}{ds}\right) = \frac{\omega}{c}\frac{d^2R}{ds^2}\frac{ds}{dr} = \frac{\omega^2}{c^2}\frac{d^2R}{ds^2}$$

であるから，これらを(5.14)式へ代入し整理すれば，

$$\frac{d^2R}{ds^2}+\frac{1}{s}\frac{dR}{ds}+\left(1-\frac{n^2}{s^2}\right)R = 0 \tag{5.16}$$

を得る．この式はすでに2.3節で見てきたベッセルの微分方程式にほかならない．したがって，円形膜の振動の問題では，ベッセル関数が登場することが理解されよう．

さて，(5.16)式の一般解であるが，これは3.2節の(3.25)式で与えられ

て，

$$R(r) = A_n J_n(s) + B_n N_n(s) \tag{5.17}$$

と書ける．しかし，ここでの円形膜の振動の問題に適する解を見いだすためには，物理的境界条件を考慮しながら適切な解を選び出すことが必要である．

まず，膜の変位が有限であることから $N_n(s)$ を除く．それは膜の中心に接近する $(r \to 0)$，つまり $s \to 0$ とするとき，$N_n(s)$ は無限に大きくなるからである．したがって，$B_n = 0$ としなければならない．

一方，$A_n = 0$ とすると $R = 0$ となってしまうので，$A_n \neq 0$ であり，一般性を失うことなく $A_n = 1$ としてよい．このとき，$J_n(s)$ は $s = 0$，つまり $r = 0$ で有界でなければならないので，$n \geqq 0$ であることが必要である．

また，関数 $\Theta(\theta)$ は 2π を周期とする周期関数であるから，n は非負の整数に限られる．

以上のことと(5.15)式をふまえると関数 $R(r)$ の表示は，

$$R(r) = J_n(s) = J_n\left(\frac{\omega}{c}r\right) \tag{5.18}$$

となる．

次に，境界条件(a)より

$$R(a) = J_n\left(\frac{\omega}{c}a\right) = 0 \tag{5.19}$$

であることが必要である．そこで超越方程式 $J_n(s) = 0$ の正の解，つまり正の零点を小さいものから順に $s = \alpha_{n1}, \alpha_{n2}, \cdots, \alpha_{nm}, \cdots$ と表すと，(5.19)式から

$$\frac{\omega}{c}a = \alpha_{nm} \qquad \therefore \quad \omega \equiv \omega_{nm} = \frac{\alpha_{nm}}{a}c \qquad (m = 1, 2, \cdots) \tag{5.20}$$

が得られる．したがって，(5.20)式を(5.18)式に代入すれば，

$$R_m(r) = J_n\left(\frac{\alpha_{nm}}{a}r\right) \qquad (m = 1, 2, \cdots) \tag{5.21}$$

と確定する．これは(5.16)式の一つの解で，$r = a$ で0になる．

つづいて，(5.11)式の解を考えよう．これは振動方程式であるから，(5.20)式を考慮して

$$\left.\begin{aligned} T_m(t) &= \cos \omega_{nm} t = \cos \frac{\alpha_{nm} c}{a} t, \quad \text{または} \\ T_m(t) &= \sin \omega_{nm} t = \sin \frac{\alpha_{nm} c}{a} t \end{aligned}\right\} \tag{5.22}$$

と書ける．

さらに，(5.13)式の解は，やはり振動方程式であるから

$$\Theta_m(\theta) = A_{nm} \cos n\theta + B_{nm} \sin n\theta \tag{5.23}$$

と書ける．

したがって，これらの解の重ね合わせが(5.8)式の特殊解になるので，それは

$$z(r, \theta, t) = \sum_{n=0}^{\infty} \sum_{m=1}^{\infty} \left\{ (A_{nm} \cos n\theta + B_{nm} \sin n\theta) \cos \frac{\alpha_{nm} c}{a} t + (C_{nm} \cos n\theta + D_{nm} \sin n\theta) \sin \frac{\alpha_{nm} c}{a} t \right\} J_n\left(\frac{\alpha_{nm}}{a} r\right) \tag{5.24}$$

と表される．ここに，$A_{nm}, B_{nm}, C_{nm}, D_{nm}$ は任意の定数で，境界条件により決定される．以下ではこれらの定数を求めてみよう．それで，(5.24)式に境界条件(b),(c)を適用してみると，それぞれ

$$f(r, \theta) = \sum_{n=0}^{\infty} \sum_{m=1}^{\infty} (A_{nm} \cos n\theta + B_{nm} \sin n\theta) J_n\left(\frac{\alpha_{nm}}{a} r\right) \tag{5.25}$$

$$g(r, \theta) = \sum_{n=0}^{\infty} \sum_{m=1}^{\infty} \frac{\alpha_{nm} c}{a} (C_{nm} \cos n\theta + D_{nm} \sin n\theta) J_n\left(\frac{\alpha_{nm}}{a} r\right) \tag{5.26}$$

となる．(5.25)式から定数 A_{nm} と B_{nm} を，また(5.26)式から定数 C_{nm} と D_{nm} を決定するには，三角関数の直交性とベッセル関数の直交性を利用する．具体的計算に取り掛かる前に，(5.25)式の展開表示を示しておこう．

$$f(r, \theta) = \sum_{m=1}^{\infty} A_{0m} J_0\left(\frac{\alpha_{0m}}{a} r\right) + \sum_{m=1}^{\infty} (A_{1m} \cos \theta + B_{1m} \sin \theta) J_1\left(\frac{\alpha_{1m}}{a} r\right)$$

$$+\sum_{m=1}^{\infty}(A_{2m}\cos 2\theta+B_{2m}\sin 2\theta)J_2\left(\frac{\alpha_{2m}}{a}r\right)+\cdots$$

$$+\sum_{m=1}^{\infty}(A_{nm}\cos n\theta+B_{nm}\sin n\theta)J_n\left(\frac{\alpha_{nm}}{a}r\right)+\cdots \qquad (5.27)$$

まず，A_{nm} を求めることを考えるが，このときは，(5.27)式の両辺に $\cos n\theta$ を掛け $-\pi$ から π まで積分するのである．すると，(1.22)式～(1.25)式を考慮して

$$\int_{-\pi}^{\pi}f(r,\theta)\cos n\theta d\theta=\pi\sum_{m=1}^{\infty}A_{nm}J_n\left(\frac{\alpha_{nm}}{a}r\right) \qquad (n=1,2,\cdots)$$

$$(5.28\text{a})$$

を得る．また，$n=0$ の場合は(5.27)式の両辺を直接 $-\pi$ から π まで積分すればよく，それは

$$\int_{-\pi}^{\pi}f(r,\theta)d\theta=2\pi\sum_{m=1}^{\infty}A_{0m}J_0\left(\frac{\alpha_{0m}}{a}r\right) \qquad (n=0) \qquad (5.28\text{b})$$

となる．(5.28a, b)式は r のみの関数になるから，ベッセル関数の直交性(4.30)式と(4.31)式を考慮し，まず(5.28a)式の両辺に $rJ_n\left(\frac{\alpha_{nl}}{a}r\right)$ を掛けて0から a まで積分すれば

$$\begin{aligned}\int_0^a\int_{-\pi}^{\pi}rf(r,\theta)J_n\left(\frac{\alpha_{nl}}{a}r\right)\cos n\theta d\theta dr&=\pi\sum_{m=1}^{\infty}A_{nm}\int_0^a rJ_n\left(\frac{\alpha_{nm}}{a}r\right)J_n\left(\frac{\alpha_{nl}}{a}r\right)dr\\&=\pi A_{nl}\int_0^a r\left\{J_n\left(\frac{\alpha_{nl}}{a}r\right)\right\}^2dr\\&=A_{nl}\frac{\pi a^2}{2}\{J_{n+1}(\alpha_{nl})\}^2\end{aligned}$$

となるので，これより

$$A_{nl}=\frac{2}{\pi a^2\{J_{n+1}(\alpha_{nl})\}^2}\int_0^a\int_{-\pi}^{\pi}rf(r,\theta)J_n\left(\frac{\alpha_{nl}}{a}r\right)\cos n\theta d\theta dr \qquad (n=1,2,\cdots)$$

を得る．ここで，l を m に，r を η に，θ を ϕ に書き換えれば，

$$A_{nm}=\frac{2}{\pi a^2\{J_{n+1}(\alpha_{nm})\}^2}\int_0^a\int_{-\pi}^{\pi}\eta f(\eta,\phi)J_n\left(\frac{\alpha_{nm}}{a}\eta\right)\cos n\phi\,d\phi d\eta$$

$$(n=1,2,\cdots) \tag{5.29a}$$

となる．

また，A_{0l} については，(5.28b)式の両辺に $rJ_0\left(\frac{\alpha_{0l}}{a}r\right)$ を掛けて 0 から a まで積分することにより求められる．すなわち，

$$\begin{aligned}\int_0^a\int_{-\pi}^{\pi}rf(r,\theta)J_0\left(\frac{\alpha_{0l}}{a}r\right)d\theta dr&=2\pi\sum_{m=1}^{\infty}A_{0m}\int_0^a rJ_0\left(\frac{\alpha_{0m}}{a}r\right)J_0\left(\frac{\alpha_{0l}}{a}r\right)dr\\&=2\pi A_{0l}\int_0^a r\left\{J_0\left(\frac{\alpha_{0l}}{a}r\right)\right\}^2dr\\&=A_{0l}\pi a^2\{J_1(\alpha_{0l})\}^2\end{aligned}$$

となって，これより

$$A_{0l}=\frac{1}{\pi a^2\{J_1(\alpha_{0l})\}^2}\int_0^a\int_{-\pi}^{\pi}rf(r,\theta)J_0\left(\frac{\alpha_{0l}}{a}r\right)d\theta dr \qquad (n=0)$$

が得られる．ここで，l を m に，r を η に，θ を ϕ に書き換えれば，

$$A_{0m}=\frac{1}{\pi a^2\{J_1(\alpha_{0m})\}^2}\int_0^a\int_{-\pi}^{\pi}\eta f(\eta,\phi)J_0\left(\frac{\alpha_{0m}}{a}\eta\right)d\phi d\eta \qquad (n=0) \tag{5.29b}$$

となる．

同様にして，定数 B_{nm} は

$$B_{nm}=\frac{2}{\pi a^2\{J_{n+1}(\alpha_{nm})\}^2}\int_0^a\int_{-\pi}^{\pi}\eta f(\eta,\phi)J_n\left(\frac{\alpha_{nm}}{a}\eta\right)\sin n\phi\,d\phi d\eta$$

$$(n=1,2,\cdots) \tag{5.30}$$

となり，B_{0m} は存在しない．

次に，(5.26)式の展開形式を示しておこう．

$$
\begin{aligned}
g(r,\theta) = &\sum_{m=1}^{\infty}\frac{\alpha_{0m}}{a}C_{0m}J_0\left(\frac{\alpha_{0m}}{a}r\right)\\
&+\sum_{m=1}^{\infty}\frac{\alpha_{1m}c}{a}(C_{1m}\cos\theta+D_{1m}\sin\theta)J_1\left(\frac{\alpha_{1m}}{a}r\right)\\
&+\sum_{m=1}^{\infty}\frac{\alpha_{2m}c}{a}(C_{2m}\cos 2\theta+D_{2m}\sin 2\theta)J_2\left(\frac{\alpha_{2m}}{a}r\right)+\cdots\\
&+\sum_{m=1}^{\infty}\frac{\alpha_{nm}c}{a}(C_{nm}\cos n\theta+D_{nm}\sin n\theta)J_n\left(\frac{\alpha_{nm}}{a}r\right)+\cdots
\end{aligned}
\tag{5.31}
$$

この式から C_{nm} を求めるのであるが，それには，まず(5.31)式の両辺に $\cos n\theta$ を掛け $-\pi$ から π まで積分するのである．すると，

$$
\int_{-\pi}^{\pi}g(r,\theta)\cos n\theta d\theta=\pi\sum_{m=1}^{\infty}\frac{\alpha_{nm}c}{a}C_{nm}J_n\left(\frac{\alpha_{nm}}{a}r\right)\qquad(n=1,2,\cdots)
\tag{5.32a}
$$

となる．また，$n=0$ の場合は(5.31)式の両辺を直接 $-\pi$ から π まで積分すればよい．すなわち，それは

$$
\int_{-\pi}^{\pi}g(r,\theta)d\theta=2\pi\sum_{m=1}^{\infty}\frac{\alpha_{0m}c}{a}C_{0m}J_0\left(\frac{\alpha_{0m}}{a}r\right)\qquad(n=0)
\tag{5.32b}
$$

と得られる．(5.32)式は r のみの関数になるから，ベッセル関数の直交性(4.30)式と(4.31)式を考慮し，まず(5.32a)式の両辺に $rJ_n\left(\frac{\alpha_{nl}}{a}r\right)$ を掛けて 0 から a まで積分すれば

$$
\begin{aligned}
&\int_0^a\int_{-\pi}^{\pi}rg(r,\theta)J_n\left(\frac{\alpha_{nl}}{a}r\right)\cos n\theta d\theta dr\\
&=\pi\sum_{m=1}^{\infty}\frac{\alpha_{nm}c}{a}C_{nm}\int_0^a rJ_n\left(\frac{\alpha_{nm}}{a}r\right)J_n\left(\frac{\alpha_{nl}}{a}r\right)dr\\
&=\pi\frac{\alpha_{nl}c}{a}C_{nl}\int_0^a r\left\{J_n\left(\frac{\alpha_{nl}}{a}r\right)\right\}^2dr=\pi\frac{\alpha_{nl}c}{a}C_{nl}\frac{a^2}{2}\{J_{n+1}(\alpha_{nl})\}^2
\end{aligned}
$$

となるから，これより

$$C_{nl}=\frac{2}{\pi ac\alpha_{nl}\{J_{n+1}(\alpha_{nl})\}^2}\int_0^a\int_{-\pi}^{\pi}rg(r,\theta)J_n\left(\frac{\alpha_{nl}}{a}r\right)\cos n\theta\, d\theta dr$$

$$(n=1,2,\cdots)$$

を得る．ここで，l を m に，r を η に，θ を ϕ に書き換えれば，

$$C_{nm}=\frac{2}{\pi ac\alpha_{nm}\{J_{n+1}(\alpha_{nm})\}^2}\int_0^a\int_{-\pi}^{\pi}\eta g(\eta,\phi)J_n\left(\frac{\alpha_{nm}}{a}\eta\right)\cos n\phi\, d\phi d\eta$$

$$(n=1,2,\cdots) \tag{5.33a}$$

となる．

また，C_{0l} については，(5.32b)式の両辺に $rJ_0\left(\frac{\alpha_{0l}}{a}r\right)$ を掛けて 0 から a まで積分することにより求められる．すなわち，

$$\int_0^a\int_{-\pi}^{\pi}rg(r,\theta)J_0\left(\frac{\alpha_{0l}}{a}r\right)d\theta dr$$

$$=2\pi\sum_{m=1}^{\infty}\frac{\alpha_{0m}c}{a}C_{0m}\int_0^a rJ_0\left(\frac{\alpha_{0m}}{a}r\right)J_0\left(\frac{\alpha_{0l}}{a}r\right)dr$$

$$=2\pi\frac{\alpha_{0l}c}{a}C_{0l}\int_0^a r\left\{J_0\left(\frac{\alpha_{0l}}{a}r\right)\right\}^2dr=2\pi\frac{\alpha_{0l}c}{a}C_{0l}\frac{a^2}{2}\{J_1(\alpha_{0l})\}^2$$

となるから，これより

$$C_{0l}=\frac{1}{\pi ac\alpha_{0l}\{J_1(\alpha_{0l})\}^2}\int_0^a\int_{-\pi}^{\pi}rg(r,\theta)J_0\left(\frac{\alpha_{0l}}{a}r\right)d\theta dr \qquad (n=0)$$

を得る．ここで，l を m に，r を η に，θ を ϕ に書き換えれば，

$$C_{0m}=\frac{1}{\pi ac\alpha_{0m}\{J_1(\alpha_{0m})\}^2}\int_0^a\int_{-\pi}^{\pi}\eta g(\eta,\phi)J_0\left(\frac{\alpha_{0m}}{a}\eta\right)d\phi d\eta \tag{5.33b}$$

となる．

同様にして，定数 D_{nm} は

$$D_{nm}=\frac{2}{\pi ac\alpha_{nm}\{J_{n+1}(\alpha_{nm})\}^2}\int_0^a\int_{-\pi}^{\pi}\eta g(\eta,\phi)J_n\left(\frac{\alpha_{nm}}{a}\eta\right)\sin n\phi d\phi d\eta$$

$$(n=1,2,\cdots) \tag{5.34}$$

となり，D_{0m} は存在しない．

以上により，定数 $A_{nm}, B_{nm}, C_{nm}, D_{nm}$ が決定されたので，(5.29)式，

(5.30)式，(5.33)式および(5.34)式を(5.24)式へ代入すれば，(5.8)式の特殊解が得られて，

$$
\begin{aligned}
z(r,\theta,t) &= \sum_{m=1}^{\infty}\left(A_{0m}\cos\frac{\alpha_{0m}c}{a}t + C_{0m}\sin\frac{\alpha_{0m}c}{a}t\right)J_0\left(\frac{\alpha_{0m}}{a}r\right) \\
&\quad + \sum_{n=1}^{\infty}\sum_{m=1}^{\infty}\left\{(A_{nm}\cos n\theta + B_{nm}\sin n\theta)\cos\frac{\alpha_{nm}c}{a}t\right. \\
&\qquad \left. + (C_{nm}\cos n\theta + D_{nm}\sin n\theta)\sin\frac{\alpha_{nm}c}{a}t\right\}J_n\left(\frac{\alpha_{nm}}{a}r\right) \\
&= \sum_{m=1}^{\infty}\left[\frac{\cos\frac{\alpha_{0m}c}{a}t}{\pi a^2\{J_1(\alpha_{0m})\}^2}\int_0^a\int_{-\pi}^{\pi}\eta f(\eta,\phi)J_0\left(\frac{\alpha_{0m}}{a}\eta\right)d\phi d\eta\right. \\
&\quad \left. + \frac{\sin\frac{\alpha_{0m}c}{a}t}{\pi ac\alpha_{0m}\{J_1(\alpha_{0m})\}^2}\int_0^a\int_{-\pi}^{\pi}\eta g(\eta,\phi)J_0\left(\frac{\alpha_{0m}}{a}\eta\right)d\phi d\eta\right]J_0\left(\frac{\alpha_{0m}}{a}r\right) \\
&\quad + \sum_{n=1}^{\infty}\sum_{m=1}^{\infty}\left[\frac{2\cos\frac{\alpha_{nm}c}{a}t}{\pi a^2\{J_{n+1}(\alpha_{nm})\}^2}\int_0^a\int_{-\pi}^{\pi}\eta f(\eta,\phi)J_n\left(\frac{\alpha_{nm}}{a}\eta\right)\right. \\
&\qquad \times(\cos n\phi\cos n\theta + \sin n\phi\sin n\theta)d\phi d\eta \\
&\quad + \frac{2\sin\frac{\alpha_{nm}c}{a}t}{\pi ac\alpha_{nm}\{J_{n+1}(\alpha_{nm})\}^2}\int_0^a\int_{-\pi}^{\pi}\eta g(\eta,\phi)J_n\left(\frac{\alpha_{nm}}{a}\eta\right) \\
&\qquad \left.\times(\cos n\phi\cos n\theta + \sin n\phi\sin n\theta)d\phi d\eta\right]J_n\left(\frac{\alpha_{nm}}{a}r\right) \\
&= \frac{1}{\pi a^2}\sum_{m=1}^{\infty}\frac{J_0\left(\frac{\alpha_{0m}}{a}r\right)\cos\frac{\alpha_{0m}c}{a}t}{\{J_1(\alpha_{0m})\}^2}\int_0^a\int_{-\pi}^{\pi}\eta f(\eta,\phi)J_0\left(\frac{\alpha_{0m}}{a}\eta\right)d\phi d\eta \\
&\quad + \frac{1}{\pi ac}\sum_{m=1}^{\infty}\frac{J_0\left(\frac{\alpha_{0m}}{a}r\right)\sin\frac{\alpha_{0m}c}{a}t}{\alpha_{0m}\{J_1(\alpha_{0m})\}^2}\int_0^a\int_{-\pi}^{\pi}\eta g(\eta,\phi)J_0\left(\frac{\alpha_{0m}}{a}\eta\right)d\phi d\eta
\end{aligned}
$$

$$
+\frac{1}{\pi a^2}\sum_{n=1}^{\infty}\sum_{m=1}^{\infty}\frac{2J_n\left(\frac{\alpha_{nm}}{a}r\right)\cos\frac{\alpha_{nm}c}{a}t}{\{J_{n+1}(\alpha_{nm})\}^2}\int_0^a\int_{-\pi}^{\pi}\eta f(\eta,\phi)J_n\left(\frac{\alpha_{nm}}{a}\eta\right)
$$

$$
\times\cos n(\phi-\theta)d\phi d\eta
$$

$$
+\frac{1}{\pi ac}\sum_{n=1}^{\infty}\sum_{m=1}^{\infty}\frac{2J_n\left(\frac{\alpha_{nm}}{a}r\right)\sin\frac{\alpha_{nm}c}{a}t}{\alpha_{nm}\{J_{n+1}(\alpha_{nm})\}^2}\int_0^a\int_{-\pi}^{\pi}\eta g(\eta,\phi)J_n\left(\frac{\alpha_{nm}}{a}\eta\right)
$$

$$
\times\cos n(\phi-\theta)d\phi d\eta
$$

(5. 35)

となる．これはかなり複雑な式で，解の大局的な特性を知るのに適切とはいい難い．そこで，(5. 24)式へ戻って解の特性を考察してみることにする．

(5. 24)式中の一つの項

$$
A_{nm}J_n\left(\frac{\alpha_{nm}}{a}r\right)\cos n\theta\cos\frac{\alpha_{nm}c}{a}t
$$

に着目してみると，これは振幅が$A_{nm}J_n\left(\frac{\alpha_{nm}}{a}r\right)\cos n\theta$で，角振動数が$\frac{\alpha_{nm}c}{a}$である$nm$番目の固有振動を表している．この場合，振幅からは，$\cos n\theta=0$より方位角方向の節線の位置と数がわかる．方位角θの範囲は$0\leqq\theta<2\pi$であることに注意して，$\cos\theta=0$の場合は$\theta=\frac{\pi}{2},\frac{3\pi}{2}$の2箇所に，$\cos 2\theta=0$の場合は$\theta=\frac{\pi}{4},\frac{3\pi}{4},\frac{5\pi}{4},\frac{7\pi}{4}$の4箇所に，そして$\cos 3\theta=0$の場合は$\theta=\frac{\pi}{6},\frac{3\pi}{6},\frac{5\pi}{6},\frac{7\pi}{6},\frac{9\pi}{6},\frac{11\pi}{6}$の6箇所に節線を生じるから，$\cos n\theta=0$の場合では$\theta=\frac{\pi}{2n},\frac{3\pi}{2n},\frac{5\pi}{2n},\cdots,\frac{(4n-1)\pi}{2n}$の$2n$箇所に節線を生じることになる．つまり，円形太鼓の膜の表面は，その中心を頂点とする$2n$個の互いに等しい扇形の領域に分けられる．別の表現をとれば，互いに等しい角をなすn本の直径で区切られることになる．

また，ここで$J_n\left(\frac{\alpha_{nm}}{a}r\right)=0$における$r=a$での零点を$\alpha_{nm}$とするとき，$0\leqq r<a$の範囲での零点は$\alpha_{n1},\alpha_{n2},\alpha_{n3},\cdots,\alpha_{nm-1}$の$m-1$個であるから，膜の表面には，半径方向に半径

$$r = \frac{\alpha_{n1}}{\alpha_{nm}}a,\ \frac{\alpha_{n2}}{\alpha_{nm}}a,\ \frac{\alpha_{n3}}{\alpha_{nm}}a,\ \cdots,\ \frac{\alpha_{nm-1}}{\alpha_{nm}}a \tag{5.36}$$

の同心円状の $m-1$ 個の節線(円)を生じることがわかる.

よって，nm 番目の固有振動における節線は，円形太鼓の膜の表面を $2n$ 等分する n 本の直径と $m-1$ 個の同心円からなるので，全体で $n+m-1$ 本ということになる.

そしてまた，nm 番目の固有振動数 f_{nm} は(5.20)式から求められて，

$$f_{nm} = \frac{\omega_{nm}}{2\pi} = \frac{1}{2\pi}\frac{\alpha_{nm}c}{a} = \frac{\alpha_{nm}}{2\pi a}\sqrt{\frac{T}{\rho}} \tag{5.37}$$

となる．ここからわかるように，膜の固有振動数 f_{nm} は(5.19)式の正の解，すなわち零点 α_{nm} に比例する．α_{nm} の具体的な数値の一部を示すと表 5.1 のようになる.

表 5.1　6個のベッセル関数のはじめの9個の正の零点 α_{nm}

m \ n	0	1	2	3	4	5
1	2.405	3.832	5.135	6.379	7.586	8.780
2	5.520	7.016	8.417	9.760	11.064	12.339
3	8.654	10.173	11.620	13.017	14.373	15.700
4	11.792	13.323	14.796	16.224	17.616	18.982
5	14.931	16.470	17.960	19.410	20.827	22.220
6	18.071	19.616	21.117	22.583	24.018	25.431
7	21.212	22.760	24.270	25.749	27.200	28.628
8	24.353	25.903	27.421	28.909	30.371	31.813
9	27.494	29.047	30.571	32.050	33.512	34.983

太鼓の音の最も低い固有振動数は，(5.37)式より α_{nm} の最小値で与えられ，それは表 5.1 から $n=0$, $m=1$ の場合，つまり，$\alpha_{01}=2.405$ のときである．膜の張力が $T=4574\ \mathrm{N/m}$，面密度が $\rho=0.616\ \mathrm{kg/m^2}$，円形膜の半径が $a=0.150\ \mathrm{m}$ である場合の太鼓の音の最も低い固有振動数 f_{01}（基本

表 5.2 $\dfrac{\alpha_{nm}}{\alpha_{01}}$ の値

m \ n	0	1	2	3	4	5
1	1.000	1.593	2.133	2.651	3.154	3.649
2	2.291	2.919	3.501	4.062	4.599	5.124
3	3.600	4.220	4.830	5.416	5.970	6.523
4	4.900	5.530	6.150	6.740	7.310	7.893
5	6.210	6.830	7.470	8.070	8.660	9.240
6	7.500	8.160	8.780	9.390	9.990	10.600
7	8.830	9.460	10.110	10.720	11.320	11.910
8	10.130	10.780	11.410	12.050	12.620	13.230
9	11.450	12.080	12.720	13.330	14.020	14.540

音）は，(5.37)式から

$$f_{01} = \frac{2.405}{2\times3.14\times0.150}\sqrt{\frac{4574}{0.616}} \cong 220\ \mathrm{Hz}$$

と求められる．

また，表 5.1 から α_{nm} の最小値 α_{01} で α_{nm} を除した $\dfrac{\alpha_{nm}}{\alpha_{01}}$ の値を求めたのが表 5.2 である．これらの値は，(5.37)式からもわかるように，膜の固有振動数の比 $\dfrac{f_{nm}}{f_{01}}$ の値でもある．ここから，円形膜の振動の場合には，f_{01} を基本音とするときの倍音は生じないことが理解できる．しかし，近似的ではあるが，簡単な有理数倍になるものは存在して，表 5.2 にある数値の範囲で示せば，次のようなものがある．

$$\frac{4}{3}\times1.593 = 2.124 \Rightarrow 2.133,\qquad \frac{5}{3}\times1.593 = 2.655 \Rightarrow 2.651,$$

$$2\times1.593 = 3.186 \Rightarrow 3.154$$

これらは，いずれも $m=1$ の場合であるから，同心円状の節線がなく，直線状の節線だけが存在する場合に集中して，1.593 の場合も含めて四つの低い音がほぼ調和した音となると見られる．

また，表 5.2 より $\dfrac{\alpha_{nm}}{\alpha_{01}}$ の値のうち 1.000〜4.000 までを順に並べ，同時に

同心円状の節線の半径 r も円形膜の半径 a に対する値 $\dfrac{r}{a}$ として示すと，表5.3のようになり，ここから太鼓の膜の振動モードを描いてみると，図5.3のようになる．白い部分は太鼓の膜が浮き上がった状態に，また灰色の部分はくぼんだ状態にあることを示している．

表5.3　基本音と倍音の振動モード

$\dfrac{\alpha_{nm}}{\alpha_{01}}$	(n, m)	$\dfrac{r}{a}$	$\dfrac{\alpha_{nm}}{\alpha_{01}}$	(n, m)	$\dfrac{r}{a}$
1.000	(0, 1)	—	3.154	(4, 1)	—
1.593	(1, 1)	—	3.501	(2, 2)	0.61
2.133	(2, 1)	—	3.600	(0, 3)	0.28
2.291	(0, 2)	0.44			0.64
2.651	(3, 1)	—	3.647	(5, 1)	—
2.919	(1, 2)	0.55			

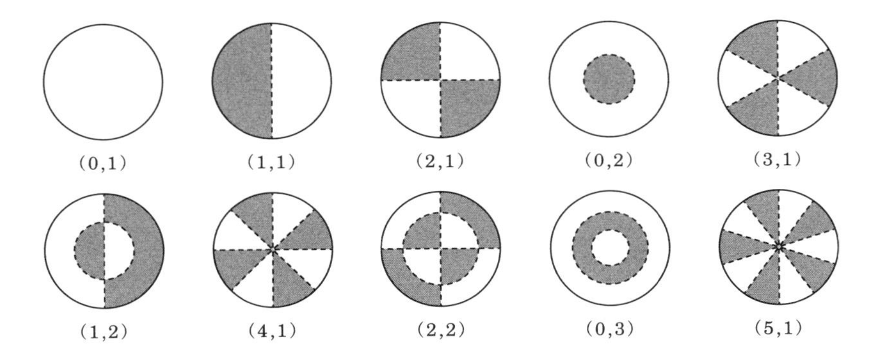

図5.3　太鼓の膜の振動モード

第6章

ラプラスの方程式

6.1 ポテンシャルとその満たす方程式

いま，質量 m, m' の二つの質点 P, P′ があり，質点 P′ を原点として P′ から P への位置ベクトルを $\boldsymbol{\rho} = (\xi, \eta, \zeta)$ とする．このとき，**ニュートンの万有引力の法則**(Newton's law of universal gravity)は，次のように表される．すなわち，質点 P′ が質点 P に及ぼす引力 $\boldsymbol{F}$ は，

$$\boldsymbol{F} = -G\frac{mm'}{\rho^3}\boldsymbol{\rho} \tag{6.1}$$

である．ここに，G は万有引力定数でる．

ここで，$\rho = \sqrt{\xi^2+\eta^2+\zeta^2}$ であるから

$$\frac{\partial}{\partial \xi}\frac{1}{\rho} = -\frac{\xi}{\rho^3}, \qquad \frac{\partial}{\partial \eta}\frac{1}{\rho} = -\frac{\eta}{\rho^3}, \qquad \frac{\partial}{\partial \zeta}\frac{1}{\rho} = -\frac{\zeta}{\rho^3}$$

となるので，演算子**ナブラ**(nabla)：$\nabla \equiv \left(\dfrac{\partial}{\partial \xi}, \dfrac{\partial}{\partial \eta}, \dfrac{\partial}{\partial \zeta}\right)$ を用いて一つにまとめて書くと

$$\nabla \frac{1}{\rho} = -\frac{1}{\rho^3}\boldsymbol{\rho}$$

となる．

したがって，(6.1)式は

$$\boldsymbol{F} = Gmm'\nabla\frac{1}{\rho} = -\nabla\left(-G\frac{mm'}{\rho}\right)$$

と書けるから，ここで

$$U = -G\frac{mm'}{\rho} \tag{6.2}$$

と置けば，引力 $\boldsymbol{F}$ は，変数 ξ, η, ζ のスカラー関数 U からその負の**勾配**(gradient)として求めることができて，

$$\boldsymbol{F} = -\nabla U \tag{6.3}$$

である．このとき，U を質点 P の質点 P′ に対する**ポテンシャル**(potential)という[1]．つまり，ベクトルとしての力 $\boldsymbol{F}$ が，一つのスカラー関数 U の導関数から求められることを示している．このような質点の問題の場合，(6.3)式の恩恵に浴することはほとんどないように思える．しかし，次に述べる不均質な天体から受ける引力を求めるときなどには，威力を発揮することになる．

そこで，質点 P はそのままで(ただし，質量は 1 とする)，質点 P′ を大きさのある天体内の一点としたらどうであろうか．一般に，天体の密度はその内部に行くにしたがって増加し，また，均一ではないことが知られている．このように，連続ではあるが不均質な質量分布をなす天体の外部に生じるポテンシャルはどのようなものかを，次に考えてみよう．

図 6.1 に示すような任意の形状をもち，連続な質量分布をもつ天体内の一点 $\mathrm{P}'(x', y', z')$ を含む質量要素 $d\sigma$ が，そこから距離 ρ の天体外の点 $\mathrm{P}(x, y, z)$ に生じるポテンシャル dU は，(6.2)式より

$$dU = -G\frac{d\sigma}{\rho}$$

で与えられる．不均質な天体の質量を M とすると，その天体が点 P に生じるポテンシャル U は上式を積分して

$$U = -G\iiint_M \frac{d\sigma}{\rho} = -G\iiint_M \frac{d\sigma}{\sqrt{(x-x')^2+(y-y')^2+(z-z')^2}} \tag{6.4}$$

と表される．そこで，点 P′ での密度を $\mu(x', y', z')$ とすれば，$d\sigma = \mu(x', y', z')dx'dy'dz'$ となるので，(6.4)式は

$$U = -G\iiint_M \frac{\mu(x', y', z')dx'dy'dz'}{\sqrt{(x-x')^2+(y-y')^2+(z-z')^2}} \tag{6.5}$$

---

1) 物理学において，ポテンシャル U は，質点 P を質点 P′ から受ける万有引力に逆らって現地点から無限の遠方まで運ぶときの万有引力のする仕事で定義するので，次のようになる．

$$U \equiv \int_\rho^\infty F\,d\rho\cos 180^\circ = -\int_\rho^\infty G\frac{mm'}{\rho^2}d\rho = \left[G\frac{mm'}{\rho}\right]_\rho^\infty = -G\frac{mm'}{\rho}$$

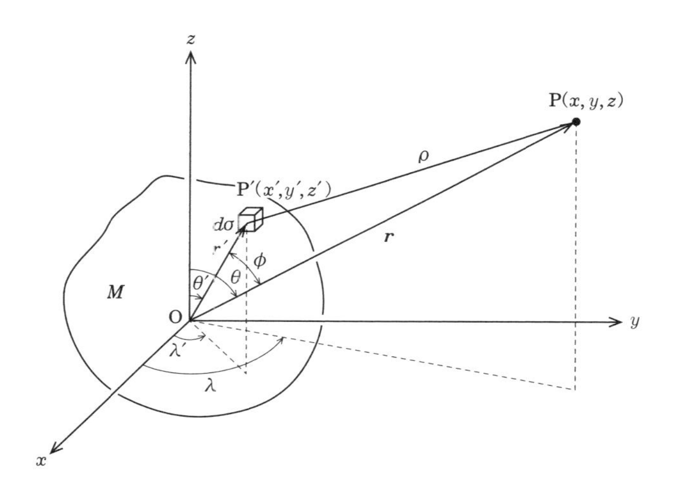

図 6.1 不均質な天体によるポテンシャル

のようにも表される.

質量要素 $d\sigma$ は x', y', z' の関数で，x, y, z に無関係であるから，(6.4)式を x で偏微分すると，

$$\frac{\partial U}{\partial x} = G\iiint_M \frac{x-x'}{\rho^3} d\sigma$$

となる．さらに x で偏微分して，

$$\frac{\partial^2 U}{\partial x^2} = G\iiint_M \left\{\frac{1}{\rho^3} - \frac{3(x-x')^2}{\rho^5}\right\} d\sigma$$

が得られる．同様にして，y, z についても

$$\frac{\partial^2 U}{\partial y^2} = G\iiint_M \left\{\frac{1}{\rho^3} - \frac{3(y-y')^2}{\rho^5}\right\} d\sigma,$$

$$\frac{\partial^2 U}{\partial z^2} = G\iiint_M \left\{\frac{1}{\rho^3} - \frac{3(z-z')^2}{\rho^5}\right\} d\sigma$$

のようになる．

したがって，これらを加え合わせれば

$$\frac{\partial^2 U}{\partial x^2}+\frac{\partial^2 U}{\partial y^2}+\frac{\partial^2 U}{\partial z^2}=G\iiint_M\left\{\frac{3}{\rho^3}-3\frac{(x-x')^2+(y-y')^2+(z-z')^2}{\rho^5}\right\}d\sigma$$

$$=G\iiint_M\left(\frac{3}{\rho^3}-3\frac{\rho^2}{\rho^5}\right)d\sigma=0$$

となるので，演算子**ラプラシアン**(Laplacian)：$\nabla^2\equiv\dfrac{\partial^2}{\partial x^2}+\dfrac{\partial^2}{\partial y^2}+\dfrac{\partial^2}{\partial z^2}$ を用いて，上式は

$$\nabla^2 U=0 \tag{6.6}$$

と表されることになる．これを**ラプラスの方程式**(Laplace's equation)といい，この偏微分方程式の正則な解を**球調和関数**(spherical harmonics)という．

こうして，ポテンシャル U が満たすべき方程式が得られると，不均質な天体の万有引力により生ずるポテンシャルを求めるには，(6.6)式の一般解を求め，実際の質量分布に合うように積分定数を決めればよいことになる．このようにしてポテンシャルを決定する方法を**ポテンシャル論**(potential theory)といい，これは万有引力の場合のみならず，物理学や工学の諸分野で生じるこの種の問題解決に広く応用される一般的手法である．

6.2 ラプラスの方程式の極座標表示

ラプラスの方程式(6.6)式を解くには，直交座標 (x,y,z) よりも極座標 (r,θ,λ) を使う方が便利である．ただし $r\geqq 0$，$0\leqq\theta\leqq\pi$，$0\leqq\lambda\leqq 2\pi$ である．

両座標の関係は図 6.1 より

$$x=r\sin\theta\cos\lambda,\qquad y=r\sin\theta\sin\lambda,\qquad z=r\cos\theta \tag{6.7}$$

であるから，$\dfrac{\partial}{\partial x},\cdots$ 等の演算子は

$$\left.\begin{aligned}
\frac{\partial}{\partial x} &= \frac{\partial}{\partial r}\frac{\partial r}{\partial x}+\frac{\partial}{\partial \theta}\frac{\partial \theta}{\partial x}+\frac{\partial}{\partial \lambda}\frac{\partial \lambda}{\partial x} \\
\frac{\partial}{\partial y} &= \frac{\partial}{\partial r}\frac{\partial r}{\partial y}+\frac{\partial}{\partial \theta}\frac{\partial \theta}{\partial y}+\frac{\partial}{\partial \lambda}\frac{\partial \lambda}{\partial y} \\
\frac{\partial}{\partial z} &= \frac{\partial}{\partial r}\frac{\partial r}{\partial z}+\frac{\partial}{\partial \theta}\frac{\partial \theta}{\partial z}+\frac{\partial}{\partial \lambda}\frac{\partial \lambda}{\partial z}
\end{aligned}\right\} \tag{6.8}$$

と表される．

一方，(6.7)式を解きなおせば

$$r^2 = x^2+y^2+z^2 \tag{6.9}$$

$$\tan\lambda = \frac{y}{x} \tag{6.10}$$

$$\tan^2\theta = \frac{x^2+y^2}{z^2} \tag{6.11}$$

となるから，(6.9)式より

$$2r\frac{\partial r}{\partial x} = 2x, \quad 2r\frac{\partial r}{\partial y} = 2y, \quad 2r\frac{\partial r}{\partial z} = 2z,$$

つまり，これと(6.7)式から

$$\left.\begin{aligned}
\frac{\partial r}{\partial x} &= \frac{x}{r} = \sin\theta\cos\lambda \\
\frac{\partial r}{\partial y} &= \frac{y}{r} = \sin\theta\sin\lambda \\
\frac{\partial r}{\partial z} &= \frac{z}{r} = \cos\theta
\end{aligned}\right\} \tag{6.12}$$

を得る．

また，(6.10)式から

$$\sec^2\lambda\frac{\partial \lambda}{\partial x} = -\frac{y}{x^2}, \quad \sec^2\lambda\frac{\partial \lambda}{\partial y} = \frac{1}{x}, \quad \sec^2\lambda\frac{\partial \lambda}{\partial z} = 0$$

となるので，これと(6.7)式とから

$$\left.\begin{aligned}\frac{\partial\lambda}{\partial x}&=-\frac{y\cos^2\lambda}{x^2}=-\frac{\sin\lambda}{r\sin\theta}\\\frac{\partial\lambda}{\partial y}&=\frac{\cos^2\lambda}{x}=\frac{\cos\lambda}{r\sin\theta}\\\frac{\partial\lambda}{\partial z}&=0\end{aligned}\right\}\tag{6.13}$$

が得られる．

さらに，(6.11)式から

$$2\tan\theta\sec^2\theta\frac{\partial\theta}{\partial x}=\frac{2x}{z^2},\qquad 2\tan\theta\sec^2\theta\frac{\partial\theta}{\partial y}=\frac{2y}{z^2},$$

$$2\tan\theta\sec^2\theta\frac{\partial\theta}{\partial z}=-\frac{2(x^2+y^2)}{z^3}$$

となるので，これらと(6.7)式から

$$\left.\begin{aligned}\frac{\partial\theta}{\partial x}&=\frac{x\cos^3\theta}{z^2\sin\theta}=\frac{1}{r}\cos\theta\cos\lambda\\\frac{\partial\theta}{\partial y}&=\frac{y\cos^3\theta}{z^2\sin\theta}=\frac{1}{r}\cos\theta\sin\lambda\\\frac{\partial\theta}{\partial z}&=-\frac{(x^2+y^2)\cos^3\theta}{z^3\sin\theta}=-\frac{1}{r}\sin\theta\end{aligned}\right\}\tag{6.14}$$

を得る．

したがって，(6.12)式～(6.14)式を(6.8)式に代入すれば，(6.8)式は

$$\left.\begin{aligned}\frac{\partial}{\partial x}&=\sin\theta\cos\lambda\frac{\partial}{\partial r}+\frac{1}{r}\cos\theta\cos\lambda\frac{\partial}{\partial\theta}-\frac{1}{r}\frac{\sin\lambda}{\sin\theta}\frac{\partial}{\partial\lambda}\\\frac{\partial}{\partial y}&=\sin\theta\sin\lambda\frac{\partial}{\partial r}+\frac{1}{r}\cos\theta\sin\lambda\frac{\partial}{\partial\theta}+\frac{1}{r}\frac{\cos\lambda}{\sin\theta}\frac{\partial}{\partial\lambda}\\\frac{\partial}{\partial z}&=\cos\theta\frac{\partial}{\partial r}-\frac{1}{r}\sin\theta\frac{\partial}{\partial\theta}\end{aligned}\right\}\tag{6.15}$$

と表される．

さて，(6.8)式の各式の両辺を，さらにそれぞれ x, y, z で偏微分すれば

$$
\left.\begin{aligned}
\frac{\partial^2}{\partial x^2} &= \frac{\partial}{\partial x}\left(\frac{\partial}{\partial x}\right) = \frac{\partial}{\partial r}\left(\frac{\partial}{\partial x}\right)\frac{\partial r}{\partial x} + \frac{\partial}{\partial \theta}\left(\frac{\partial}{\partial x}\right)\frac{\partial \theta}{\partial x} + \frac{\partial}{\partial \lambda}\left(\frac{\partial}{\partial x}\right)\frac{\partial \lambda}{\partial x} \\
\frac{\partial^2}{\partial y^2} &= \frac{\partial}{\partial y}\left(\frac{\partial}{\partial y}\right) = \frac{\partial}{\partial r}\left(\frac{\partial}{\partial y}\right)\frac{\partial r}{\partial y} + \frac{\partial}{\partial \theta}\left(\frac{\partial}{\partial y}\right)\frac{\partial \theta}{\partial y} + \frac{\partial}{\partial \lambda}\left(\frac{\partial}{\partial y}\right)\frac{\partial \lambda}{\partial y} \\
\frac{\partial^2}{\partial z^2} &= \frac{\partial}{\partial z}\left(\frac{\partial}{\partial z}\right) = \frac{\partial}{\partial r}\left(\frac{\partial}{\partial z}\right)\frac{\partial r}{\partial z} + \frac{\partial}{\partial \theta}\left(\frac{\partial}{\partial z}\right)\frac{\partial \theta}{\partial z} + \frac{\partial}{\partial \lambda}\left(\frac{\partial}{\partial z}\right)\frac{\partial \lambda}{\partial z}
\end{aligned}\right\} \tag{6.16}
$$

となる．ここで，$\left(\dfrac{\partial}{\partial x}\right), \cdots$ 等は，(6.15)式で与えられる式を意味している．

また，(6.15)式から

$$
\left.\begin{aligned}
\frac{\partial}{\partial r}\left(\frac{\partial}{\partial x}\right) &= \sin\theta\cos\lambda\frac{\partial^2}{\partial r^2} - \frac{1}{r^2}\cos\theta\cos\lambda\frac{\partial}{\partial \theta} + \frac{1}{r}\cos\theta\cos\lambda\frac{\partial^2}{\partial r\partial\theta} \\
&\quad + \frac{1}{r^2}\frac{\sin\lambda}{\sin\theta}\frac{\partial}{\partial \lambda} - \frac{1}{r}\frac{\sin\lambda}{\sin\theta}\frac{\partial^2}{\partial r\partial\lambda} \\
\frac{\partial}{\partial \theta}\left(\frac{\partial}{\partial x}\right) &= \cos\theta\cos\lambda\frac{\partial}{\partial r} + \sin\theta\cos\lambda\frac{\partial^2}{\partial\theta\partial r} - \frac{1}{r}\sin\theta\cos\lambda\frac{\partial}{\partial \theta} \\
&\quad + \frac{1}{r}\cos\theta\cos\lambda\frac{\partial^2}{\partial \theta^2} + \frac{1}{r}\frac{\cos\theta\sin\lambda}{\sin^2\theta}\frac{\partial}{\partial\lambda} - \frac{1}{r}\frac{\sin\lambda}{\sin\theta}\frac{\partial^2}{\partial\theta\partial\lambda} \\
\frac{\partial}{\partial \lambda}\left(\frac{\partial}{\partial x}\right) &= -\sin\theta\sin\lambda\frac{\partial}{\partial r} + \sin\theta\cos\lambda\frac{\partial^2}{\partial\lambda\partial r} - \frac{1}{r}\cos\theta\sin\lambda\frac{\partial}{\partial\theta} \\
&\quad + \frac{1}{r}\cos\theta\cos\lambda\frac{\partial^2}{\partial\lambda\partial\theta} - \frac{1}{r}\frac{\cos\lambda}{\sin\theta}\frac{\partial}{\partial\lambda} - \frac{1}{r}\frac{\sin\lambda}{\sin\theta}\frac{\partial^2}{\partial\lambda^2}
\end{aligned}\right\} \tag{6.17}
$$

$$\left.\begin{aligned}
\frac{\partial}{\partial r}\left(\frac{\partial}{\partial y}\right) &= \sin\theta\sin\lambda\frac{\partial^2}{\partial r^2}-\frac{1}{r^2}\cos\theta\sin\lambda\frac{\partial}{\partial\theta}+\frac{1}{r}\cos\theta\sin\lambda\frac{\partial^2}{\partial r\partial\theta}\\
&\quad -\frac{1}{r^2}\frac{\cos\lambda}{\sin\theta}\frac{\partial}{\partial\lambda}+\frac{1}{r}\frac{\cos\lambda}{\sin\theta}\frac{\partial^2}{\partial r\partial\lambda}\\
\frac{\partial}{\partial \theta}\left(\frac{\partial}{\partial y}\right) &= \cos\theta\sin\lambda\frac{\partial}{\partial r}+\sin\theta\sin\lambda\frac{\partial^2}{\partial\theta\partial r}-\frac{1}{r}\sin\theta\sin\lambda\frac{\partial}{\partial\theta}\\
&\quad +\frac{1}{r}\cos\theta\sin\lambda\frac{\partial^2}{\partial\theta^2}-\frac{1}{r}\frac{\cos\theta\cos\lambda}{\sin^2\theta}\frac{\partial}{\partial\lambda}+\frac{1}{r}\frac{\cos\lambda}{\sin\theta}\frac{\partial^2}{\partial\theta\partial\lambda}\\
\frac{\partial}{\partial \lambda}\left(\frac{\partial}{\partial y}\right) &= \sin\theta\cos\lambda\frac{\partial}{\partial r}+\sin\theta\sin\lambda\frac{\partial^2}{\partial\lambda\partial r}+\frac{1}{r}\cos\theta\cos\lambda\frac{\partial}{\partial\theta}\\
&\quad +\frac{1}{r}\cos\theta\sin\lambda\frac{\partial^2}{\partial\lambda\partial\theta}-\frac{1}{r}\frac{\sin\lambda}{\sin\theta}\frac{\partial}{\partial\lambda}+\frac{1}{r}\frac{\cos\lambda}{\sin\theta}\frac{\partial^2}{\partial\lambda^2}
\end{aligned}\right\} \tag{6.18}$$

$$\left.\begin{aligned}
\frac{\partial}{\partial r}\left(\frac{\partial}{\partial z}\right) &= \cos\theta\frac{\partial^2}{\partial r^2}+\frac{1}{r^2}\sin\theta\frac{\partial}{\partial\theta}-\frac{1}{r}\sin\theta\frac{\partial^2}{\partial r\partial\theta}\\
\frac{\partial}{\partial \theta}\left(\frac{\partial}{\partial z}\right) &= -\sin\theta\frac{\partial}{\partial r}+\cos\theta\frac{\partial^2}{\partial\theta\partial r}-\frac{1}{r}\cos\theta\frac{\partial}{\partial\theta}-\frac{1}{r}\sin\theta\frac{\partial^2}{\partial\theta^2}\\
\frac{\partial}{\partial \lambda}\left(\frac{\partial}{\partial z}\right) &= \cos\theta\frac{\partial^2}{\partial\lambda\partial r}-\frac{1}{r}\sin\theta\frac{\partial^2}{\partial\lambda\partial\theta}
\end{aligned}\right\} \tag{6.19}$$

を得る．

したがって，(6.12)式～(6.14)式と(6.17)式～(6.19)式を(6.16)式に代入し整理すれば，

$$\begin{aligned}
\nabla^2 &= \frac{\partial^2}{\partial x^2}+\frac{\partial^2}{\partial y^2}+\frac{\partial^2}{\partial z^2}\\
&= \frac{\partial^2}{\partial r^2}+\frac{2}{r}\frac{\partial}{\partial r}+\frac{1}{r^2\tan\theta}\frac{\partial}{\partial\theta}+\frac{1}{r^2}\frac{\partial^2}{\partial\theta^2}+\frac{1}{r^2\sin^2\theta}\frac{\partial^2}{\partial\lambda^2}
\end{aligned} \tag{6.20a}$$

となる．ここで，

$$\frac{1}{r^2}\frac{\partial}{\partial r}\left(r^2\frac{\partial}{\partial r}\right) = \frac{2}{r}\frac{\partial}{\partial r}+\frac{\partial^2}{\partial r^2},$$

$$\frac{1}{r^2\sin\theta}\frac{\partial}{\partial\theta}\left(\sin\theta\frac{\partial}{\partial\theta}\right) = \frac{1}{r^2\tan\theta}\frac{\partial}{\partial\theta} + \frac{1}{r^2}\frac{\partial^2}{\partial\theta^2}$$

の関係があることに注意すれば，(6.20a)式は

$$\nabla^2 = \frac{1}{r^2}\frac{\partial}{\partial r}\left(r^2\frac{\partial}{\partial r}\right) + \frac{1}{r^2\sin\theta}\frac{\partial}{\partial\theta}\left(\sin\theta\frac{\partial}{\partial\theta}\right) + \frac{1}{r^2\sin^2\theta}\frac{\partial^2}{\partial\lambda^2} \tag{6.20b}$$

のようにも表示できる．

いずれにしても，(6.6)式は

$$\frac{\partial^2 U}{\partial r^2} + \frac{2}{r}\frac{\partial U}{\partial r} + \frac{1}{r^2\tan\theta}\frac{\partial U}{\partial\theta} + \frac{1}{r^2}\frac{\partial^2 U}{\partial\theta^2} + \frac{1}{r^2\sin^2\theta}\frac{\partial^2 U}{\partial\lambda^2} = 0 \tag{6.21}$$

と表されることになり，これがラプラスの方程式の極座標による表示である．ここに，$r > 0$，$0 < \theta < \pi$，$0 \leqq \lambda \leqq 2\pi$ である．

6.3 ラプラスの方程式の円柱座標表示

前節では，ラプラスの方程式の極座標による表示を求めたが，ここでは図 6.2 に示すような円柱座標での表示を導いてみよう．

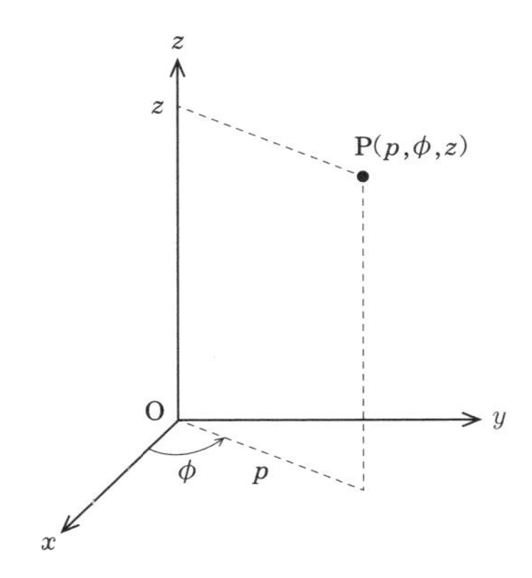

図 6.2 円柱座標と直交座標

点Pの円柱座標を$\mathrm{P}(p, \phi, z)$とすると，その直交座標$\mathrm{P}(x, y, z)$との間には

$$x = p\cos\phi, \qquad y = p\sin\phi, \qquad z = z \tag{6.22}$$

の関係がある．ただし，$p \geqq 0$，$0 \leqq \phi \leqq 2\pi$である．そこで，これらの導関数を求めるのであるが，このとき6.1節で導入した極座標との関係をみると

$$r \to p, \qquad \theta = \frac{\pi}{2}, \qquad \lambda \to \phi$$

となっているから，すでに得られている式にこの対応関係を適用すれば，次のような式が得られる．

すなわち，(6.12)式と(6.13)式のそれぞれ第1式と第2式から

$$\frac{\partial p}{\partial x} = \cos\phi, \qquad \frac{\partial p}{\partial y} = \sin\phi \tag{6.23}$$

$$\frac{\partial \phi}{\partial x} = -\frac{\sin\phi}{p}, \qquad \frac{\partial \phi}{\partial y} = \frac{\cos\phi}{p} \tag{6.24}$$

を得る．

また，さらに(6.17)式と(6.18)式のそれぞれ第1式と第2式から

$$\left.\begin{aligned} \frac{\partial}{\partial p}\left(\frac{\partial}{\partial x}\right) &= \cos\phi\frac{\partial^2}{\partial p^2} + \frac{\sin\phi}{p^2}\frac{\partial}{\partial \phi} - \frac{\sin\phi}{p}\frac{\partial^2}{\partial p \partial \phi} \\ \frac{\partial}{\partial \phi}\left(\frac{\partial}{\partial x}\right) &= -\sin\phi\frac{\partial}{\partial p} + \cos\phi\frac{\partial^2}{\partial \phi \partial p} - \frac{\cos\phi}{p}\frac{\partial}{\partial \phi} - \frac{\sin\phi}{p}\frac{\partial^2}{\partial \phi^2} \end{aligned}\right\} \tag{6.25}$$

$$\left.\begin{aligned} \frac{\partial}{\partial p}\left(\frac{\partial}{\partial y}\right) &= \sin\phi\frac{\partial^2}{\partial p^2} - \frac{\cos\phi}{p^2}\frac{\partial}{\partial \phi} + \frac{\cos\phi}{p}\frac{\partial^2}{\partial p \partial \phi} \\ \frac{\partial}{\partial \phi}\left(\frac{\partial}{\partial y}\right) &= \cos\phi\frac{\partial}{\partial p} + \sin\phi\frac{\partial^2}{\partial \phi \partial p} - \frac{\sin\phi}{p}\frac{\partial}{\partial \phi} + \frac{\cos\phi}{p}\frac{\partial^2}{\partial \phi^2} \end{aligned}\right\} \tag{6.26}$$

を得る．

したがって，(6.23)式～(6.26)式を使って

$$\frac{\partial^2}{\partial x^2} = \frac{\partial}{\partial x}\left(\frac{\partial}{\partial x}\right) = \frac{\partial}{\partial p}\left(\frac{\partial}{\partial x}\right)\frac{\partial p}{\partial x} + \frac{\partial}{\partial \phi}\left(\frac{\partial}{\partial x}\right)\frac{\partial \phi}{\partial x}$$

$$= \cos^2\phi\frac{\partial^2}{\partial p^2} + \frac{2\sin\phi\cos\phi}{p^2}\frac{\partial}{\partial \phi} - \frac{2\sin\phi\cos\phi}{p}\frac{\partial^2}{\partial p\partial \phi}$$

$$+ \frac{\sin^2\phi}{p}\frac{\partial}{\partial p} + \frac{\sin^2\phi}{p^2}\frac{\partial^2}{\partial \phi^2}$$

$$\frac{\partial^2}{\partial y^2} = \frac{\partial}{\partial y}\left(\frac{\partial}{\partial y}\right) = \frac{\partial}{\partial p}\left(\frac{\partial}{\partial y}\right)\frac{\partial p}{\partial y} + \frac{\partial}{\partial \phi}\left(\frac{\partial}{\partial y}\right)\frac{\partial \phi}{\partial y}$$

$$= \sin^2\phi\frac{\partial^2}{\partial p^2} - \frac{2\sin\phi\cos\phi}{p^2}\frac{\partial}{\partial \phi} + \frac{2\sin\phi\cos\phi}{p}\frac{\partial^2}{\partial p\partial \phi}$$

$$+ \frac{\cos^2\phi}{p}\frac{\partial}{\partial p} + \frac{\cos^2\phi}{p^2}\frac{\partial^2}{\partial \phi^2}$$

となるから，ラプラシアンは

$$\nabla^2 = \frac{\partial^2}{\partial x^2} + \frac{\partial^2}{\partial y^2} + \frac{\partial^2}{\partial z^2} = \frac{\partial^2}{\partial p^2} + \frac{1}{p}\frac{\partial}{\partial p} + \frac{1}{p^2}\frac{\partial^2}{\partial \phi^2} + \frac{\partial^2}{\partial z^2} \tag{6.27}$$

と表されることになる．

よって，このときのラプラスの方程式は，

$$\frac{\partial^2 U}{\partial p^2} + \frac{1}{p}\frac{\partial U}{\partial p} + \frac{1}{p^2}\frac{\partial^2 U}{\partial \phi^2} + \frac{\partial^2 U}{\partial z^2} = 0 \tag{6.28}$$

となる．ここで，$p > 0$，$0 \leqq \phi \leqq 2\pi$ である．

6.4 ラプラスの方程式の解法

ラプラスの方程式の一般解を球調和関数と称するが，そのうち直交座標 x, y, z に関して n 次の同次関数であるものを，n 次の**体球調和関数**(solid spherical harmonics)という．それを U_n と書くとすると，その満たすべき条件は，

$$\nabla^2 U_n = 0 \quad \text{かつ} \quad U_n(\kappa x, \kappa y, \kappa z) = \kappa^n U_n(x, y, z) \tag{6.29}$$

である．ただし，κ は任意のパラメータ，n は整数である．

【例題】

$U_{-1}=r^{-1}$ は，-1 次の体球調和関数であることを示せ．

【解】

$f(r)$ を原点からの距離 $r=(x^2+y^2+z^2)^{\frac{1}{2}}$ のスカラー関数とすれば

$$f(x,y,z)=r^{-1}=(x^2+y^2+z^2)^{-\frac{1}{2}}$$

であるから，

$$f(\kappa x,\kappa y,\kappa z)=(\kappa^2x^2+\kappa^2y^2+\kappa^2z^2)^{-\frac{1}{2}}=\kappa^{-1}f(x,y,z)$$

となる．したがって，U_{-1} は -1 次の同次関数である．

また，$\dfrac{\partial r}{\partial x}=\dfrac{x}{r}$，$\dfrac{\partial r}{\partial y}=\dfrac{y}{r}$，$\dfrac{\partial r}{\partial z}=\dfrac{z}{r}$ であることを考慮すれば

$$\frac{\partial}{\partial x}f(r)=\frac{d}{dr}f(r)\frac{\partial r}{\partial x}=\frac{x}{r}\frac{d}{dr}f(r),$$

$$\frac{\partial}{\partial y}f(r)=\frac{y}{r}\frac{d}{dr}f(r),\qquad \frac{\partial}{\partial z}f(r)=\frac{z}{r}\frac{d}{dr}f(r)$$

となるから，

$$\begin{aligned}\frac{\partial^2}{\partial x^2}f(r)&=\frac{\partial}{\partial x}\left\{\frac{x}{r}\frac{d}{dr}f(r)\right\}\\&=\frac{1}{r}\frac{d}{dr}f(r)-\frac{x^2}{r^3}\frac{d}{dr}f(r)+\frac{x^2}{r^2}\frac{d^2}{dr^2}f(r)\end{aligned}$$

$$\frac{\partial^2}{\partial y^2}f(r)=\frac{1}{r}\frac{d}{dr}f(r)-\frac{y^2}{r^3}\frac{d}{dr}f(r)+\frac{y^2}{r^2}f(r)$$

$$\frac{\partial^2}{\partial z^2}f(r)=\frac{1}{r}\frac{d}{dr}f(r)-\frac{z^2}{r^3}\frac{d}{dr}f(r)+\frac{z^2}{r^2}f(r)$$

となって

$$\nabla^2f(r)=\frac{d^2}{dr^2}f(r)+\frac{2}{r}\frac{d}{dr}f(r)$$

を得る．そこで $f(r)=r^{-1}$ と置けば，上式は

$$\nabla^2 f(r)=\frac{2}{r^3}+\frac{2}{r}\left(-\frac{1}{r^2}\right)=0$$

となり，r^{-1} はラプラスの方程式を満足する．

よって，$U_{-1}=r^{-1}$ は，-1 次の体球調和関数である． □

(Ⅰ) 極座標表示の場合

さて，$R(r)Y(\theta,\lambda)$ という関数を考えてみよう．$R(r)$ は r のみの関数であり，$Y(\theta,\lambda)$ は θ と λ のみの関数であるから，(6.9)式～(6.11)式よりいずれも x,y,z の同次関数であることは明らかである．したがって，この関数がラプラスの方程式を満足するならば，これは体球調和関数ということになり，ラプラスの方程式の一般解と考えることができる．そこで，

$$U=R(r)Y(\theta,\lambda) \tag{6.30}$$

と置いてみよう．これを(6.21)式に代入し，整理すると

$$\frac{r^2}{R}\left(\frac{d^2R}{dr^2}+\frac{2}{r}\frac{dR}{dr}\right)=-\frac{1}{Y}\left(\frac{\partial^2 Y}{\partial\theta^2}+\frac{1}{\tan\theta}\frac{\partial Y}{\partial\theta}+\frac{1}{\sin^2\theta}\frac{\partial^2 Y}{\partial\lambda^2}\right) \tag{6.31}$$

が得られる．この式の左辺は r のみの関数で θ,λ を含まず，また，右辺は θ,λ のみの関数で r を含まない．この両者がつねに等しいのであるから，(6.31)式の両辺は r,θ,λ を含まないある定数でなければならない．そこで，n を非負の整数として分離定数を $n(n+1)$ と置けば(6.31)式は二つの方程式に分離されて，

$$r^2\frac{d^2R}{dr^2}+2r\frac{dR}{dr}-n(n+1)R=0 \tag{6.32}$$

$$\frac{\partial^2 Y}{\partial\theta^2}+\frac{1}{\tan\theta}\frac{\partial Y}{\partial\theta}+\frac{1}{\sin^2\theta}\frac{\partial^2 Y}{\partial\lambda^2}+n(n+1)Y=0 \tag{6.33}$$

となる．

そこで，まず(6.32)式の一般解を求めることを考えよう．(6.32)式は明らかに変数 r を係数にもつ線形微分方程式であるから，その解を得るには

従来から知られた冪級数法が利用できる．

そこで，(6.32)式の解として，j を整数とする級数解

$$R = \sum_{j=-\infty}^{\infty} a_j r^j \tag{6.34}$$

を仮定する．この式を(6.32)式に代入すれば

$$\sum_{j=-\infty}^{\infty} j(j-1)a_j r^j + 2\sum_{j=-\infty}^{\infty} ja_j r^j - n(n+1)\sum_{j=-\infty}^{\infty} a_j r^j = 0$$

となり，上式がつねに成り立つためには r^j の係数が0であればよいので，

$$j(j-1)+2j-n(n+1) = 0$$

を得る．この式を整理して因数分解すれば

$$(j-n)(j+n+1) = 0$$

となるから，これより

$$j = n \quad \text{または} \quad j = -(n+1)$$

と求められる．したがって，A_n, B_n を任意の定数とすると，(6.32)式の一般解は級数とはならずに，

$$R(r) = A_n r^n + \frac{B_n}{r^{n+1}} \tag{6.35}$$

と表される．

次に，(6.33)式の一般解 $Y(\theta, \lambda)$ を求めよう．これは**球面調和関数**(surface spherical harmonics)と呼ばれるが，それを

$$Y(\theta, \lambda) = \Theta(\theta)\Lambda(\lambda) \tag{6.36}$$

と置いて(6.33)式に代入すると，これはさらに変数分離できる．すなわち，

$$\Lambda\left(\frac{d^2\Theta}{d\theta^2} + \frac{1}{\tan\theta}\frac{d\Theta}{d\theta}\right) + \frac{\Theta}{\sin^2\theta}\frac{d^2\Lambda}{d\lambda^2} + n(n+1)\Theta\Lambda = 0$$

となるから，この両辺に $\dfrac{\sin^2\theta}{\Theta\Lambda}$ を掛ければ，

$$\frac{\sin^2\theta}{\Theta}\frac{d^2\Theta}{d\theta^2} + \frac{\sin\theta\cos\theta}{\Theta}\frac{d\Theta}{d\theta} + n(n+1)\sin^2\theta = -\frac{1}{\Lambda}\frac{d^2\Lambda}{d\lambda^2} \tag{6.37}$$

を得る．この式の左辺は θ のみの関数であるから λ を含まず，また，右辺は λ のみの関数であるから θ を含まない．この両者が等しいのであるか

ら，両辺は定数に等しくなければならない．そこで，Λ が 2π を周期とする 1 価関数となるように定数を m^2 (m は整数) と置けば，(6.37)式の右辺から

$$\frac{d^2\Lambda}{d\lambda^2}+m^2\Lambda=0 \tag{6.38}$$

が得られる．これは調和振動子の運動方程式であるので，この一般解は，A_{nm}, B_{nm} を任意定数とて

$$\Lambda(\lambda)=A_{nm}\cos m\lambda+B_{nm}\sin m\lambda \tag{6.39}$$

と表される．

一方，(6.37)式の左辺は

$$\sin^2\theta\frac{d^2\Theta}{d\theta^2}+\sin\theta\cos\theta\frac{d\Theta}{d\theta}+\{n(n+1)\sin^2\theta-m^2\}\Theta=0 \tag{6.40}$$

となる．そこで

$$\cos\theta=s \qquad (-1\leqq s\leqq 1) \tag{6.41a}$$

と置くと

$$-\sin\theta d\theta=ds \tag{6.41b}$$

であることに注意すれば

$$\frac{d\Theta}{d\theta}=-\sin\theta\frac{d\Theta}{ds}=-(1-\cos^2\theta)^{\frac{1}{2}}\frac{d\Theta}{ds}=-(1-s^2)^{\frac{1}{2}}\frac{d\Theta}{ds},$$

$$\frac{d^2\Theta}{d\theta^2}=(1-s^2)\frac{d^2\Theta}{ds^2}-s\frac{d\Theta}{ds}, \qquad \sin\theta\cos\theta\frac{d\Theta}{d\theta}=-s(1-s^2)\frac{d\Theta}{ds}$$

であるから，(6.40)式は

$$(1-s^2)\frac{d^2\Theta}{ds^2}-2s\frac{d\Theta}{ds}+\left\{n(n+1)-\frac{m^2}{1-s^2}\right\}\Theta=0 \tag{6.42a}$$

あるいは，

$$\frac{d}{ds}\left\{(1-s^2)\frac{d\Theta}{ds}\right\}+\left\{n(n+1)-\frac{m^2}{1-s^2}\right\}\Theta=0 \tag{6.42b}$$

のように書くことができる．これを**ルジャンドルの陪微分方程式**(associated Legendre's differential equation)と呼ぶ．この方程式の解については，

第7章で議論することにする.

(II) 円柱座標表示の場合

ここでは, (6.28)式の解を求めることを考えよう. そのために前述の類推から, 関数 U はそれぞれ p, ϕ, z の関数 $P(p), \Phi(\phi), Z(z)$ の積で表されると仮定する. つまり,

$$U = P(p)\Phi(\phi)Z(z) \tag{6.43}$$

と置いて, これを(6.28)式に代入すれば

$$\Phi Z\frac{\partial^2 P}{\partial p^2}+\Phi Z\frac{1}{p}\frac{\partial P}{\partial p}+PZ\frac{1}{p^2}\frac{\partial^2 \Phi}{\partial \phi^2}+P\Phi\frac{\partial^2 Z}{\partial z^2}=0$$

となる. そこで, 上式の両辺を $P\Phi Z$ で除して整理すれば

$$\frac{1}{P}\left(\frac{\partial^2 P}{\partial p^2}+\frac{1}{p}\frac{\partial P}{\partial p}\right)+\frac{1}{p^2\Phi}\frac{\partial^2 \Phi}{\partial \phi^2}+\frac{1}{Z}\frac{\partial^2 Z}{\partial z^2}=0 \tag{6.44}$$

が得られて, この左辺のはじめの3項は p と ϕ の関数で, 第4項は z だけの関数になる. この式が p, ϕ, z に無関係に成立するためには, はじめの3項の値と第4項の値の絶対値が等しく異符号であればよいから, その一方の値を k^2 $(k>0)$ として第4項に等しいと置くと, (6.44)式は

$$\frac{1}{Z}\frac{d^2 Z}{dz^2}=k^2 \qquad \therefore \quad \frac{d^2 Z}{dz^2}=k^2 Z \tag{6.45}$$

$$\frac{p^2}{P}\left(\frac{\partial^2 P}{\partial p^2}+\frac{1}{p}\frac{\partial P}{\partial p}\right)+k^2p^2=-\frac{1}{\Phi}\frac{\partial^2 \Phi}{\partial \phi^2} \tag{6.46}$$

の二式に分離される. この(6.46)式において, 左辺は p だけの関数で ϕ を含まず, また右辺は ϕ のみの関数で p を含まないから, この式が成立するためにはこの両辺が p, ϕ に無関係な定数でなければならない. そこで, 関数 Φ は周期 2π の周期関数であることを考慮して分離定数を n^2 (n は正の整数)とすると, (6.46)式はさらに分離されて,

$$\frac{d^2 \Phi}{d\phi^2}=-n^2\Phi \tag{6.47}$$

$$\frac{d^2P}{dp^2}+\frac{1}{p}\frac{dP}{dp}+\left(k^2-\frac{n^2}{p^2}\right)P=0 \tag{6.48}$$

となる．ここで，(6.47)式は調和振動子の運動方程式であり，(6.48)式は $x=kp$ と置けば

$$\frac{d}{dp}=k\frac{d}{dx}, \qquad \frac{d^2}{dp^2}=k^2\frac{d^2}{dx^2}$$

であるから，これらを(6.48)式に代入して整理すれば

$$\frac{d^2P}{dx^2}+\frac{1}{x}\frac{dP}{dx}+\left(1-\frac{n^2}{x^2}\right)P=0 \tag{6.49}$$

となって，すでに見てきたベッセルの微分方程式が得られる．

まず，(6.45)式の解であるが，α を任意定数として $Z=e^{\alpha z}$ を仮定して(6.45)式へ代入し整理すれば，$\alpha=\pm k$ を得る．したがって，K, K' を任意の定数とすれば，(6.45)式の一般解は

$$Z(z)=Ke^{kz}+K'e^{-kz} \tag{6.50}$$

となる．

また，(6.47)式の一般解は(6.39)式と同様で，A_n, B_n を任意定数として

$$\Phi(\phi)=A_n\cos n\phi+B_n\sin n\phi \tag{6.51}$$

と表される．

さらに，(6.49)式の一般解は(3.25)式より

$$P(x)=A_nJ_n(x)+B_nN_n(x) \tag{6.52}$$

となる．

よって，ラプラスの方程式の一般解は，(6.43)式，および(6.50)式〜(6.52)式を用いて

$$U(p,\phi,z)=\sum_{n=0}^{\infty}\sum_{k=0}^{n}\{A_nJ_n(kp)+B_nN_n(kp)\}(C_{nk}\cos n\phi+S_{nk}\sin n\phi)(Ke^{kz}+K'e^{-kz}) \tag{6.53}$$

と表される．ここで未定の定数は，与えられた問題の条件から個々に決定される．

第7章

ルジャンドルの陪微分方程式の解

7.1 ルジャンドルの微分方程式とその解

(6.42)式で $m=0$ とすると，それは

$$(1-s^2)\frac{d^2\Theta}{ds^2}-2s\frac{d\Theta}{ds}+n(n+1)\Theta=0 \tag{7.1a}$$

または

$$\frac{d}{ds}\left\{(1-s^2)\frac{d\Theta}{ds}\right\}+n(n+1)\Theta=0 \tag{7.1b}$$

となるが，これを**ルジャンドルの微分方程式**(Legendre's differential equation)という．

いま，(7.1)式を解くことを考えよう．この方程式は(6.32)式と同様に変数 s を係数にもつ線形微分方程式であるから，その解として j を整数とする級数解

$$\Theta=\sum_{j=-\infty}^{\infty}a_js^j \tag{7.2}$$

を仮定することができる．この式を(7.1)式に代入すれば，

$$\sum_{j=-\infty}^{\infty}j(j-1)a_js^{j-2}-\sum_{j=-\infty}^{\infty}j(j+1)a_js^j+n(n+1)\sum_{j=-\infty}^{\infty}a_js^j=0$$

を得るが，これを s の同次の項で表現すれば

$$\sum_{j=-\infty}^{\infty}(j+1)(j+2)a_{j+2}s^j-\sum_{j=-\infty}^{\infty}j(j+1)a_js^j+n(n+1)\sum_{j=-\infty}^{\infty}a_js^j=0$$

すなわち

$$\sum_{j=-\infty}^{\infty}\{(j+1)(j+2)a_{j+2}+(n-j)(n+j+1)a_j\}s^j=0$$

となるので，この式がつねに成り立つためには，s^j の係数がすべて0とならなければならない．つまり，

$$(j+1)(j+2)a_{j+2}+(n-j)(n+j+1)a_j=0$$

であることから

$$a_{j+2}=-\frac{(n-j)(n+j+1)}{(j+1)(j+2)}a_j \tag{7.3}$$

が得られる．これは a_{j+2} と a_j の漸化式であるから，この式より係数を逐次求めることができる．したがって，(7.3)式から，(7.2)式は，もし $a_1=0$ ならば偶数次の項だけになり，$a_0=0$ ならば奇数次の項のみからなることになる．さらに，$j=n$ ならば，a_n の値にかかわらず $a_{n+2}=0$ となるから，

$$a_{n+2}=a_{n+4}=a_{n+6}=\cdots=0$$

である．

以上のことから，(7.2)式は無限級数とはならずに，n が偶数ならば $a_1=0$，n が奇数ならば $a_0=0$ として，s^n の項で終わる n 次の多項式になる．そこで，この二つの場合を一つの式で表すために(7.3)式を降冪の順で書くことにする．すると，これは

$$a_j=-\frac{(j+1)(j+2)}{(n-j)(n+j+1)}a_{j+2} \tag{7.4a}$$

となるから，この式によって順次 $a_{n-2}, a_{n-4}, \cdots$ を a_n で表すことができる．すなわち，

$$\left.\begin{aligned}
a_{n-2} &= -\frac{n(n-1)}{2(2n-1)}a_n \\
a_{n-4} &= -\frac{(n-2)(n-3)}{4(2n-3)}a_{n-2} \\
&= (-1)^2\frac{n(n-1)(n-2)(n-3)}{2\cdot 4(2n-1)(2n-3)}a_n \\
&\cdots\cdots\cdots\cdots\cdots\cdots \\
a_{n-2k} &= -\frac{(n-2k+2)(n-2k+1)}{2k(2n-2k+1)}a_{n-2k+2} \\
&= (-1)^k\frac{n(n-1)\cdots(n-2k+2)(n-2k+1)}{2\cdot 4\cdots 2k(2n-1)(2n-3)\cdots(2n-2k+1)}a_n \\
&= (-1)^k\frac{1}{2^k k!}\cdot\frac{n!}{(n-2k)!}\cdot\frac{2n(2n-2)(2n-4)\cdots(2n-2k+2)}{2n(2n-1)(2n-2)(2n-3)\cdots(2n-2k+1)}a_n \\
&= (-1)^k\frac{1}{2^k k!}\cdot\frac{n!}{(n-2k)!}\cdot\frac{2^k n!(2n-2k)!}{(n-k)!(2n)!}a_n \\
&= (-1)^k\frac{(n!)^2(2n-2k)!}{k!(n-k)!(n-2k)!(2n)!}a_n
\end{aligned}\right\} \tag{7.4b}$$

となる．ここで，k は非負の整数である．

また，(7.4a)式に $j=-1$ を代入すれば a_1 の値にかかわらず $a_{-1}=0$ であり，$j=-2$ と置けば a_0 の値にかかわらず $a_{-2}=0$ となるから，(7.4a)式を繰り返し適用することにより

$$a_{-1}=a_{-2}=a_{-3}=\cdots=0$$

となる．したがって，(7.2)式は，n が偶数であれば a_0 から始まり，n が奇数であれば $a_1 s$ から始まる多項式となる．よって，(7.2)式の具体的な形式は

$$\Theta = a_n\left\{s^n - \frac{n(n-1)}{2(2n-1)}s^{n-2} + \frac{n(n-1)(n-2)(n-3)}{2\cdot 4(2n-1)(2n-3)}s^{n-4} - \cdots + (-1)^k\frac{(n!)^2(2n-2k)!}{k!(n-k)!(n-2k)!(2n)!}s^{n-2k} \pm \cdots\right\} \tag{7.5}$$

のようになる．これはルジャンドルの微分方程式の一つの解であるが，こ

の式の中の a_n は未定のままであるので，この値を決める問題が残されたままである．これについては，次節以降の議論で解決されることになる．

7.2 ロドリゲスの公式

ここでは，次式

$$\frac{d^n}{ds^n}(s^2-1)^n$$

が，ルジャンドルの微分方程式を満足することを証明しよう．そのために

$$u = s^2-1 \tag{7.6}$$

と置き，s に関する n 回微分を文字の右肩上に小さく $^{(n)}$ で表すものとする．このとき，u^{n+1} の $n+1$ 回微分を考えてみよう．まず，u^{n+1} を $u^n\cdot u$ のように分けて，次々に s で微分していくと

$$(u^n\cdot u)^{(1)} = (u^n)^{(1)}u+u^n u^{(1)}$$
$$(u^n\cdot u)^{(2)} = (u^n)^{(2)}u+2(u^n)^{(1)}u^{(1)}+u^n u^{(2)}$$
$$(u^n\cdot u)^{(3)} = (u^n)^{(3)}u+3(u^n)^{(2)}u^{(1)}+3(u^n)^{(1)}u^{(2)}+u^n u^{(3)}$$
$$\cdots\cdots\cdots\cdots\cdots\cdots\cdots\cdots\cdots\cdots\cdots\cdots$$

となるから，一般に

$$\begin{aligned}\frac{d^{n+1}(u^{n+1})}{ds^{n+1}} &= \frac{d^{n+1}(u^n\cdot u)}{ds^{n+1}} = (u^n\cdot u)^{(n+1)}\\ &= {}_{n+1}\mathrm{C}_0(u^n)^{(n+1)}u+{}_{n+1}\mathrm{C}_1(u^n)^{(n)}u^{(1)}\\ &\quad +{}_{n+1}\mathrm{C}_2(u^n)^{(n-1)}u^{(2)}+{}_{n+1}\mathrm{C}_3(u^n)^{(n-2)}u^{(3)}+\cdots\\ &= u\frac{d^{n+1}(u^n)}{ds^{n+1}}+(n+1)\frac{du}{ds}\frac{d^n(u^n)}{ds^n}\\ &\quad +\frac{(n+1)n}{2\cdot 1}\frac{d^2u}{ds^2}\frac{d^{n-1}(u^n)}{ds^{n-1}}\\ &\quad +\frac{(n+1)n(n-1)}{3\cdot 2\cdot 1}\frac{d^3u}{ds^3}\frac{d^{n-2}(u^n)}{ds^{n-2}}+\cdots\end{aligned} \tag{7.7}$$

と書くことができる．ここで，(7.6)式に注意すると

$$\frac{du}{ds}=2s,\qquad \frac{d^2u}{ds^2}=2,\qquad \frac{d^3u}{ds^3}=\cdots=\frac{d^{n+1}u}{ds^{n+1}}=0$$

であるから，(7.7)式は

$$\frac{d^{n+1}(u^{n+1})}{ds^{n+1}}=u\frac{d^{n+1}(u^n)}{ds^{n+1}}+2(n+1)s\frac{d^n(u^n)}{ds^n}+n(n+1)\frac{d^{n-1}(u^n)}{ds^{n-1}} \tag{7.8}$$

となる．

また，別の表現を行えば，(7.7)式と同様に考えて

$$\begin{aligned}\frac{d^{n+1}(u^{n+1})}{ds^{n+1}}&=\frac{d^n}{ds^n}\frac{d(u^{n+1})}{ds}=\frac{d^n}{ds^n}(n+1)u^n\frac{du}{ds}\\&=\frac{d^n}{ds^n}2(n+1)u^ns=2(n+1)\frac{d^n(u^ns)}{ds^n}=2(n+1)(u^ns)^{(n)}\\&=2(n+1)\left\{s\frac{d^n(u^n)}{ds^n}+n\frac{ds}{ds}\frac{d^{n-1}(u^n)}{ds^{n-1}}\right.\\&\qquad\left.+\frac{n(n-1)}{2\cdot 1}\frac{d^2s}{ds^2}\frac{d^{n-2}(u^n)}{ds^{n-2}}+\cdots\right\}\end{aligned}$$

となる．ここで，

$$\frac{ds}{ds}=1,\qquad \frac{d^2s}{ds^2}=\cdots=\frac{d^ns}{ds^n}=0$$

であるから，上式は

$$\frac{d^{n+1}(u^{n+1})}{ds^{n+1}}=2(n+1)s\frac{d^n(u^n)}{ds^n}+2n(n+1)\frac{d^{n-1}(u^n)}{ds^{n-1}} \tag{7.9}$$

となる．

したがって，(7.8)式から(7.9)式を引き算すれば

$$u\frac{d^{n+1}(u^n)}{ds^{n+1}}-n(n+1)\frac{d^{n-1}(u^n)}{ds^{n-1}}=0$$

が得られる．ここで，(7.6)式を代入し，この両辺を s で微分すれば

$$\frac{d}{ds}\left\{(s^2-1)\frac{d^{n+1}}{ds^{n+1}}(s^2-1)^n\right\}-n(n+1)\frac{d^n}{ds^n}(s^2-1)^n=0 \tag{7.10}$$

となる．ここで，K を任意の定数として

$$\Theta = K\frac{d^n}{ds^n}(s^2-1)^n \tag{7.11}$$

と置くと，(7.10)式は

$$\frac{d}{ds}\left\{(1-s^2)\frac{d\Theta}{ds}\right\}+n(n+1)\Theta = 0$$

と書かれて，(7.1b)式に一致する．つまり，(7.11)式はルジャンドルの微分方程式を満足することがわかる．このことから，(7.11)式はルジャンドルの微分方程式の解であることが示されたわけである．

次に，任意の定数 K を評価しよう．それには，まず，式 $(s^2-1)^n$ を二項定理で展開してみることから始める．すなわち，

$$\begin{aligned}(s^2-1)^n &= {}_n\mathrm{C}_0(s^2)^n(-1)^0+{}_n\mathrm{C}_1(s^2)^{n-1}(-1)^1+{}_n\mathrm{C}_2(s^2)^{n-2}(-1)^2\\ &\quad +\cdots+{}_n\mathrm{C}_k(s^2)^{n-k}(-1)^k+\cdots+{}_n\mathrm{C}_n(s^2)^0(-1)^n\\ &= s^{2n}-ns^{2n-2}+\frac{n(n-1)}{2\cdot 1}s^{2n-4}\\ &\quad -\cdots+(-1)^k\frac{n!}{k!(n-k)!}s^{2n-2k}\pm\cdots+(-1)^n\end{aligned}$$

となる．したがって，この両辺を微分するとその度ごとに項が一つ減ることに注意して微分演算を進めれば

$$\begin{aligned}\frac{d}{ds}(s^2-1)^n &= 2ns^{2n-1}-n(2n-2)s^{2n-3}+\frac{n(n-1)}{2\cdot 1}(2n-4)s^{2n-5}\\ &\quad -\cdots+(-1)^k\frac{n!}{k!(n-k)!}(2n-2k)s^{2n-2k-1}\pm\cdots\end{aligned}$$

$$\begin{aligned}\frac{d^2}{ds^2}(s^2-1)^n &= 2n(2n-1)s^{2n-2}-n(2n-2)(2n-3)s^{2n-4}\\ &\quad +\frac{n(n-1)}{2\cdot 1}(2n-4)(2n-5)s^{2n-6}\\ &\quad -\cdots+(-1)^k\frac{n!}{k!(n-k)!}(2n-2k)(2n-2k-1)s^{2n-2k-2}\pm\cdots\end{aligned}$$

となるので，n 回微分した後の結果は

$$\frac{d^n}{ds^n}(s^2-1)^n = 2n(2n-1)(2n-2)\cdots\{2n-(n-1)\}s^{2n-n}$$
$$-n(2n-2)(2n-3)(2n-4)\cdots\{2n-(n+1)\}s^{2n-(n+2)}$$
$$+\frac{n(n-1)}{2\cdot 1}(2n-4)(2n-5)(2n-6)$$
$$\cdots\{2n-(n+3)\}s^{2n-(n+4)}$$
$$-\cdots+(-1)^k\frac{n!}{k!(n-k)!}(2n-2k)(2n-2k-1)(2n-2k-2)$$
$$\cdots\{2n-2k-(n-1)\}s^{2n-2k-n}\pm\cdots$$
$$=\frac{(2n)!}{n!}s^n-n\frac{(2n)!}{2n(2n-1)\{2n-(n+2)\}!}s^{n-2}$$
$$+\frac{n(n-1)}{2!}\frac{(2n)!}{2n(2n-1)(2n-2)(2n-3)\{2n-(n+4)\}!}s^{n-4}$$
$$-\cdots+(-1)^k\frac{n!}{k!(n-k)!}\frac{(2n-2k)!}{(2n-2k-n)!}s^{n-2k}\pm\cdots$$
$$=\frac{(2n)!}{n!}s^n-\frac{(2n)!}{n!}\frac{n(n-1)}{2(2n-1)}s^{n-2}$$
$$+\frac{(2n)!}{n!}\frac{n(n-1)(n-2)(n-3)}{2\cdot 4(2n-1)(2n-3)}s^{n-4}$$
$$-\cdots+(-1)^k\frac{n!(2n-2k)!}{k!(n-k)!(n-2k)!}s^{n-2k}\pm\cdots,$$

つまり

$$\frac{d^n}{ds^n}(s^2-1)^n = \frac{(2n)!}{n!}\left\{s^n-\frac{n(n-1)}{2(2n-1)}s^{n-2}+\frac{n(n-1)(n-2)(n-3)}{2!2^2(2n-1)(2n-3)}s^{n-4}\right.$$
$$\left.-\cdots+(-1)^k\frac{(n!)^2(2n-2k)!}{k!(n-k)!(n-2k)!(2n)!}s^{n-2k}\pm\cdots\right\} \tag{7.12}$$

のように得られ，(7.5)式と(7.12)式の中括弧内の式はともに一致するこ

とがわかる．

さて，任意の定数 K の値は，$s=1$ のとき $\Theta=1$ となるように選ぶのが慣例である．したがって，このときには(7.6)式を(7.9)式に代入し，n を $n-1$ に置き換えれば

$$\frac{d^n}{ds^n}(s^2-1)^n = 2ns\frac{d^{n-1}}{ds^{n-1}}(s^2-1)^{n-1}+2n(n-1)\frac{d^{n-2}}{ds^{n-2}}(s^2-1)^{n-1}$$

が得られることと，微分の回数が (s^2-1) の次数より下回れば最終的な式に (s^2-1) の因数が残ってくるので

$$\left[\frac{d^{n-2}}{ds^{n-2}}(s^2-1)^{n-1}\right]_{s=1} = 0$$

となることを考慮すれば，$s=1$ のとき

$$\begin{aligned}\left[\frac{d^n}{ds^n}(s^2-1)^n\right]_{s=1} &= 2n\left[\frac{d^{n-1}}{ds^{n-1}}(s^2-1)^{n-1}\right]_{s=1}\\ &= 2^2n(n-1)\left[\frac{d^{n-2}}{ds^{n-2}}(s^2-1)^{n-2}\right]_{s=1}\\ &= 2^3n(n-1)(n-2)\left[\frac{d^{n-3}}{ds^{n-3}}(s^2-1)^{n-3}\right]_{s=1}\\ &= \cdots\cdots\cdots\cdots\cdots\cdots\\ &= 2^{n-1}n(n-1)(n-2)\cdots 3\cdot 2\left[\frac{d}{ds}(s^2-1)\right]_{s=1}\\ &= 2^n n! \end{aligned} \tag{7.13}$$

が得られる．

したがって，$s=1$ のとき $\Theta=1$ として(7.13)式を(7.11)式に代入すれば

$$1 = K\cdot 2^n n!, \qquad \therefore \quad K = \frac{1}{2^n n!} \tag{7.14}$$

のように K の値が決められる．このとき，新たに

$$\Theta \equiv P_n(s) = P_n(\mathrm{ccs}\,\theta) \tag{7.15}$$

を定義して(7.11)式を

$$P_n(s) = \frac{1}{2^n n!}\frac{d^n}{ds^n}(s^2-1)^n \tag{7.16}$$

と書き，これを**ロドリゲスの公式**(Rodrigues' formula)と呼ぶ.

7.3 ルジャンドル多項式

ロドリゲスの公式(7.16)式に(7.12)式を代入すると

$$P_n(s) = \frac{(2n)!}{2^n(n!)^2}\left\{s^n - \frac{n(n-1)}{2(2n-1)}s^{n-2} + \frac{n(n-1)(n-2)(n-3)}{2!2^2(2n-1)(2n-3)}s^{n-4} - \cdots + (-1)^k\frac{(n!)^2(2n-2k)!}{k!(n-k)!(n-2k)!(2n)!}s^{n-2k} \pm \cdots\right\} \tag{7.17a}$$

または,

$$P_n(s) = \frac{1}{2^n}\sum_{k=0}^{N}\frac{(-1)^k(2n-2k)!}{k!(n-k)!(n-2k)!}s^{n-2k} \tag{7.17b}$$

が得られる．ここで，n が偶数となるときは $N=\dfrac{n}{2}$，n が奇数のときは $N=\dfrac{n-1}{2}$ とする．さらに，$n=0$ のときは $P_0(s)\equiv 1$ と定義する.

また，(7.15)式を考慮して(7.17a)式と(7.5)式を比較すれば,

$$a_n = \frac{(2n)!}{2^n(n!)^2} \tag{7.18}$$

であることもわかる.

こうして得られた(7.17a, b)式を n 次の**ルジャンドル多項式**(Legendre polynomials)，または**第1種ルジャンドル関数**(Legendre function of the first kind)，あるいは**帯球調和関数**(zonal harmonics)[1] という.

そして，$n=5$ までの $P_n(s)$ を具体的に表記すれば次のようになり，さらに，$-1 \leqq s \leqq 1$ の範囲で $P_n(s)$ の曲線を描けば，図7.1のようになる.

1) 帯球調和関数と呼ばれる理由については，7.5節で明らかになる.

$$
\left.\begin{aligned}
P_0(s) &= 1\\
P_1(s) &= s\\
P_2(s) &= \frac{1}{2}(3s^2-1)\\
P_3(s) &= \frac{1}{2}(5s^3-3s)\\
P_4(s) &= \frac{1}{8}(35s^4-30s^2+3)\\
P_5(s) &= \frac{1}{8}(63s^5-70s^3+15s)
\end{aligned}\right\} \qquad (7.19)
$$

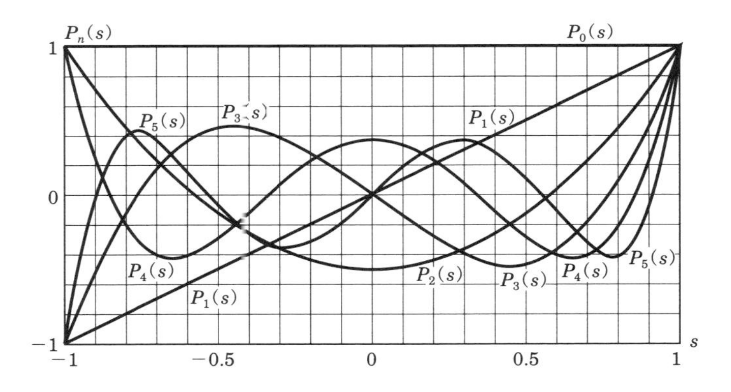

図 7.1 ルジャンドル多項式

次に，(7.3)式で $j = -n-1$ と置けば，a_{-n-1} の値にかかわらず $a_{-n+1} = 0$ となる．したがって，またもや

$$a_{-n+3} = a_{-n+5} = \cdots = 0$$

となり，0 とならない係数は前と同様にして

$$\left.\begin{aligned} a_{-n-3} &= \frac{(n+1)(n+2)}{2(2n+3)}a_{-n-1} \\ a_{-n-5} &= \frac{(n+1)(n+2)(n+3)(n+4)}{2\cdot 4(2n+3)(2n+5)}a_{-n-1} \\ &\cdots\cdots\cdots\cdots\cdots\cdots\cdots\cdots \\ a_{-n-2k-1} &= \frac{(n+1)(n+2)\cdots(n+2k)}{2^k k!(2n+3)(2n+5)\cdots(2n+2k+1)}a_{-n-1} \end{aligned}\right\} \tag{7.20}$$

のように得られる．ここで a_{-n-1} の値はまったく任意であるから，先と同じ理由によりこれを

$$a_{-n-1} = \frac{n!}{(2n+1)(2n-1)\cdots 3\cdot 1} = \frac{2^n(n!)^2}{(2n+1)!} \tag{7.21}$$

と置く．この係数を使って作った(7.2)式の級数を $\Theta \equiv Q_n(s)$ と置けば，

$$\begin{aligned} Q_n(s) = \frac{2^n(n!)^2}{(2n+1)!}\Biggl\{&\frac{1}{s^{n+1}} + \frac{(n+1)(n+2)}{2(2n+3)}\frac{1}{s^{n+3}} \\ &+ \frac{(n+1)(n+2)(n+3)(n+4)}{2\cdot 4(2n+3)(2n+5)}\frac{1}{s^{n+5}} \\ &+ \cdots + \frac{(n+1)(n+2)\cdots(n+2k)}{2^k k!(2n+3)(2n+5)\cdots(2n+2k+1)}\frac{1}{s^{n+2k+1}} + \cdots\Biggr\} \end{aligned} \tag{7.22}$$

となって，無限級数になる．この冪級数の収束性を見るには，ダランベールの判定法[2)]が利用できる．すなわち，級数の任意の隣接する前の項(第 k 項)に対する後の項(第 $k+1$ 項)の比をとった値が収束するかどうかを見る方法で，ここでの問題において具体的に示せば，(7.20)式の最後の式を利用して

$$\frac{a_{-n-2k-1}/s^{n+2k+1}}{a_{-n-2k+1}/s^{n+2k-1}} = \frac{(n+2k-1)(n+2k)}{2k(2n+2k+1)}\cdot\frac{1}{s^2}$$

となる．したがって，$k \to \infty$ となるとき上式は

2) 例えば，スミルノフ：『高等数学教程２ I 巻(第二分冊)』，共立出版(1976)，p. 281 を参照．

$$\frac{\left(2+\frac{n-1}{k}\right)\left(2+\frac{n}{k}\right)}{2\left(2+\frac{2n+1}{k}\right)}\cdot\frac{1}{s^2}\to\frac{1}{s^2}$$

となるから，$|s|>1$ のときは絶対収束することがわかる．こうして得られた $Q_n(s)$ を**第 2 種ルジャンドル関数**(Legendre function of the second kind)と称して，ルジャンドルの微分方程式の一つの解を表す．

7.4 ルジャンドル陪関数

m が正の整数であるときの(6.42a, b)式の一般解を求めよう．

まず，(7.10)式に着目して，左辺第 1 項の微分を実行すると

$$(s^2-1)\frac{d^{n+2}}{ds^{n+2}}(s^2-1)^n+2s\frac{d^{n+1}}{ds^{n+1}}(s^2-1)^n-n(n+1)\frac{d^n}{ds^n}(s^2-1)^n=0$$

となる．この両辺をさらに s で微分すれば

$$(s^2-1)\frac{d^{n+3}}{ds^{n+3}}(s^2-1)^n+2\cdot 2s\frac{d^{n+2}}{ds^{n+2}}(s^2-1)^n +\{2-n(n+1)\}\frac{d^{n+1}}{ds^{n+1}}(s^2-1)^n=0$$

となり，さらに微分すると

$$(s^2-1)\frac{d^{n+4}}{ds^{n+4}}(s^2-1)^n+3\cdot 2s\frac{d^{n+3}}{ds^{n+3}}(s^2-1)^n +\{2\cdot 2+2-n(n+1)\}\frac{d^{n+2}}{ds^{n+2}}(s^2-1)^n=0$$

が得られる．このようにして次々と s による微分を続けて行ったときの m 回微分後の結果は

$$(s^2-1)\frac{d^{n+m+2}}{ds^{n+m+2}}(s^2-1)^n+(m+1)\cdot 2s\frac{d^{n+m+1}}{ds^{n+m+1}}(s^2-1)^n +\{m\cdot 2+(m-1)\cdot 2+\cdots+2\cdot 2+2-n(n+1)\}\frac{d^{n+m}}{ds^{n+m}}(s^2-1)^n=0$$

となる．ここで，左辺第3項の中括弧内の級数部分は

$$2\{m+(m-1)+\cdots+2+1\} = 2\cdot\frac{m}{2}\{2\cdot1+(m-1)\cdot1\} = m(m+1)$$

となるから，中括弧内は

$$m(m+1)-n(n+1) = (m-n)(m+n+1)$$

と整理される．したがって，上式は

$$(s^2-1)\frac{d^{n+m+2}}{ds^{n+m+2}}(s^2-1)^n+2(m+1)s\frac{d^{n+m+1}}{ds^{n+m+1}}(s^2-1)^n$$

$$+(m+n+1)(m-n)\frac{d^{n+m}}{ds^{n+m}}(s^2-1)^n = 0 \tag{7.23}$$

と書くことができる．そこで，この式の両辺に $-(1-s^2)^{\frac{m}{2}}$ を掛けると

$$(1-s^2)^{\frac{m}{2}+1}\frac{d^{n+m+2}}{ds^{n+m+2}}(s^2-1)^n-2(m+1)s(1-s^2)^{\frac{m}{2}}\frac{d^{n+m+1}}{ds^{n+m+1}}(s^2-1)^n$$

$$+(n+m+1)(n-m)(1-s^2)^{\frac{m}{2}}\frac{d^{n+m}}{ds^{n+m}}(s^2-1)^n = 0 \tag{7.24}$$

となる．ここで

$$\Theta \equiv (1-s^2)^{\frac{m}{2}}\frac{d^{n+m}}{ds^{n+m}}(s^2-1)^n \tag{7.25}$$

を定義すると

$$\frac{d\Theta}{ds} = (1-s^2)^{\frac{m}{2}}\frac{d^{n+m+1}}{ds^{n+m+1}}(s^2-1)^n-m(1-s^2)^{\frac{m}{2}-1}\frac{d^{n+m}}{ds^{n+m}}(s^2-1)^n$$

となり，さらにこの式を s で微分すれば

$$\frac{d}{ds}\left\{(1-s^2)\frac{d\Theta}{ds}\right\} = \frac{d}{ds}\left\{(1-s^2)^{\frac{m}{2}+1}\frac{d^{n+m+1}}{ds^{n+m+1}}(s^2-1)^n\right.$$

$$\left.-m(1-s^2)^{\frac{m}{2}}\frac{d^{n+m}}{ds^{n+m}}(s^2-1)^n\right\}$$

$$= (1-s^2)^{\frac{m}{2}+1}\frac{d^{n+m+2}}{ds^{n+m+2}}(s^2-1)^n$$

$$-2(m+1)s(1-s^2)^{\frac{m}{2}}\frac{d^{n+m+1}}{ds^{n+m+1}}(s^2-1)^n$$

$$-m\left\{(1-s^2)^{\frac{m}{2}}-ms^2(1-s^2)^{\frac{m}{2}-1}\right\}\frac{d^{n+m}}{ds^{n+m}}(s^2-1)^n$$

となるので，この式の右辺に(7.24)式を代入すれば

$$\frac{d}{ds}\left\{(1-s^2)\frac{d\Theta}{ds}\right\} = -\{(n+m+1)(n-m)$$

$$+m-m^2s^2(1-s^2)^{-1}\}(1-s^2)^{\frac{m}{2}}\frac{d^{n+m}}{ds^{n+m}}(s^2-1)^n$$

となる．この右辺中括弧内を整理し(7.25)式を用いれば

$$\frac{d}{ds}\left\{(1-s^2)\frac{d\Theta}{ds}\right\}+\left\{n(n+1)-\frac{m^2}{1-s^2}\right\}\Theta = 0$$

が得られて，これは(6.42b)式にほかならない．したがって，(6.42)式の解は(7.25)式で与えられることがわかる．そこで，(7.25)式と(7.16)式から

$$P_n^m(s) \equiv (1-s^2)^{\frac{m}{2}}\frac{d^m}{ds^m}P_n(s) \qquad (7.26)$$

を定義することができ，これを **m 階 n 次の第 1 種ルジャンドル陪関数**(associated Legendre function of the first kind of degree n and order m)という．特に，$m=0$ となるときは，(7.26)式から明らかなように，

$$P_n^0(s) = P_n(s) \qquad (7.27)$$

である．

ルジャンドルの微分方程式の解は，一般に $P_n(s)$ と $Q_n(s)$ とがあるから，(7.26)式と同様に

$$Q_n^m(s) \equiv (1-s^2)^{\frac{m}{2}}\frac{d^m}{ds^m}Q_n(s) \qquad (7.28)$$

で定義する **m 階 n 次の第 2 種ルジャンドル陪関数**(associated Legendre function of the second kind of degree n and order m)を導入すれば，ルジャンドルの陪微分方程式(6.42)式の一般解は(6.41a)式を考慮して

$$\Theta(\theta) = C_nP_n^m(\cos\theta)+D_nQ_n^m(\cos\theta) \qquad (7.29)$$

と表される．ここに，C_n, D_n は任意の定数である．

ところで，(7.16)式を(7.26)式に代入してみると

$$P_n^m(s) = \frac{1}{2^n n!}(1-s^2)^{\frac{m}{2}}\frac{d^{n+m}}{ds^{n+m}}(s^2-1)^n$$

となるが，この式の右辺の微分は $n+m > 2n$，つまり $m > n$ のとき0になることは明らかである．よって，$P_n^m(s)$ が存在するためには $m \leqq n$ であることが必要である．また，(6.41a)式より $(1-s^2)^{\frac{m}{2}} = \sin^m\theta$ であるから，$P_n^m(\cos\theta)$ は $\cos\theta$ と $\sin\theta$ の有理整関数になる．これに対して，$Q_n^m(\cos\theta)$ は有理整関数とはならないので，一般に利用されることは少ない．よって，以下では $P_n^m(\cos\theta)$ のみを考えることにするが，そのいくつかを例示すると表7.1のようになる．

表7.1　ルジャンドル陪関数 $P_n^m(\cos\theta)$ の表示式

n \ m	1	2	3	4
1	$\sin\theta$			
2	$3\sin\theta\cos\theta$	$3\sin^2\theta$		
3	$\frac{15}{2}\sin\theta\left(\cos^2\theta-\frac{1}{5}\right)$	$15\sin^2\theta\cos\theta$	$15\sin^3\theta$	
4	$\frac{35}{2}\sin\theta\left(\cos^3\theta-\frac{3}{7}\cos\theta\right)$	$\frac{105}{2}\sin^2\theta\left(\cos^2\theta-\frac{1}{7}\right)$	$105\sin^3\theta\cos\theta$	$105\sin^4\theta$

7.5 球面調和関数とラプラスの方程式の解

(6.36)式に(6.39)式と(7.29)式を代入し，前節の最後の考察を踏まえれば，m 階 n 次の球面調和関数は

$$Y_n^m(\theta,\lambda) = (A_{nm}\cos m\lambda + B_{nm}\sin m\lambda)P_n^m(\cos\theta) \tag{7.30}$$

と表される．したがって，n 次の球面調和関数は

$$Y_n(\theta,\lambda) = \sum_{m=0}^{n} Y_n^m(\theta,\lambda) = \sum_{m=0}^{n} (A_{nm}\cos m\lambda + B_{nm}\sin m\lambda) P_n^m(\cos\theta) \tag{7.31a}$$

$$= A_{n0}P_n(\cos\theta) + \sum_{m=1}^{n} (A_{nm}\cos m\lambda + B_{nm}\sin m\lambda) P_n^m(\cos\theta) \tag{7.31b}$$

のように書くことができる.

さて，ここで少々脇路にそれて，球面調和関数の幾何学的形状について触れておこう.

球面調和関数 $Y_n^m(\theta,\lambda)$ の n と m であるが，図 7.1 を参考にすればわかるように，これらは単位球面上で関数値を 0 にする境界線の数を表している．したがって，$Y_n^m(\theta,\lambda)$ の値は，境界線を挟んで隣接する領域と互いに逆符号をもつようになり，この様子は図 7.2 に見るようになる.

まず，(7.30)式で $m=0$ のときを考えると，それは

$$Y_n^0(\theta,\lambda) = A_{n0}P_n(\cos\theta)$$

となるので，その幾何学的様相は $P_n(\cos\theta)$ に依存する．この場合，変数として経度 λ は含まず余緯度 θ のみとなるので，極軸(z 軸)に対称な図形を描き出すことになる．具体的には，図 7.2(a)に示すように，球面を極軸に垂直な n 個の円により $n+1$ 個の帯状の領域に分割し，さらにその隣接領域で逆符号となるので，赤道面(xy 平面)に平行な縞模様が見えてくるようになる．このような特性を示すことから，$P_n(\cos\theta)$ は帯球調和関数と呼ばれる.

次に，$m=n$ のとき(7.30)式は

$$Y_n^n(\theta,\lambda) = (A_{nn}\cos n\lambda + B_{nn}\sin n\lambda)P_n^n(\cos\theta)$$

のようになるが，ここで $P_n^n(\cos\theta)$ は両極でのみ 0 になり，$\cos n\lambda$ と $\sin n\lambda$ は $2n$ 個の λ の値で 0 になる．したがって，$Y_n^n(\theta,\lambda)$ は，図 7.2(b)に見るように球面の両極を通る n 個の等間隔の大円によって $2n$ 個の扇状に分割された互いに逆符号の領域を表すようになる．このようなことから，$Y_n^n(\theta,\lambda)$ は，**扇球調和関数**(sectorial harmonics)と呼ばれる.

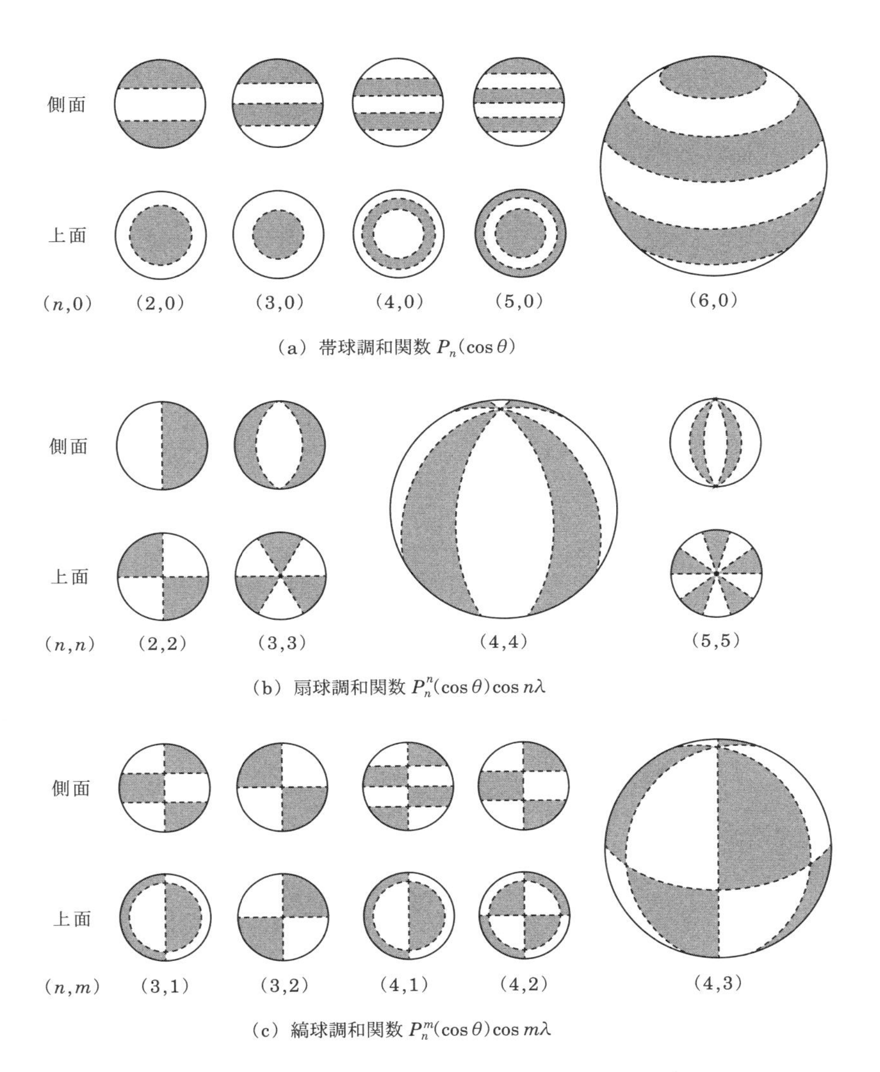

図 7.2　球面調和関数の種類(白色：＋領域，灰色：－領域)

最後に，$0 < m < n$ のとき，$P_n^m(\cos\theta)$ は極軸に垂直な $n-m$ 個の円で単位球面を $n-m+1$ 個の帯状の領域に分割し，また，$\cos m\lambda$ と $\sin m\lambda$ は経度に沿う方向に $2m$ 個の扇状の領域を形成するので，$Y_n^m(\theta,\lambda)$ は全体として単位球面を $2m(n-m+1)$ 個の碁盤の目状の区画に分割した模様を描き出すようになる．このとき，隣接する区画の符号は互いに逆になる．このような特性から，このときの $Y_n^m(\theta,\lambda)$ を**縞球調和関数**(tesseral harmonics)と呼ぶ．この様子を示したのが，図 7.2(c)である．

この辺で議論をもとに戻すことにしよう．以上に見たような球面調和関数と動径方向の解(6.35)式を組み合せると n 次と $-(n+1)$ 次の体球調和関数が得られ，それぞれ

$$r^n Y_n^m(\theta,\lambda), \qquad \frac{1}{r^{n+1}} Y_n^m(\theta,\lambda)$$

と表される．これらはいずれもラプラスの方程式を満足する特殊解であるが，ラプラスの方程式は線形偏微分方程式であるので，解の重ね合わせが可能である．したがって，(6.35)式および(7.31a)式を考慮してこれらを(6.30)式に代入すれば，ラプラスの方程式の一般解は，

$$U = \sum_{n=0}^{\infty}\left(A_n r^n + \frac{B_n}{r^{n+1}}\right)\sum_{m=0}^{n}(A_{nm}\cos m\lambda + B_{nm}\sin m\lambda)P_n^m(\cos\theta) \tag{7.32}$$

と得られる．

第8章

ルジャンドル関数の性質

8.1 ルジャンドル多項式の母関数

図 6.1[1]で，原点 O から二点 P, P′ までの距離をそれぞれ r, r' とし，それらのなす角を ϕ とすれば，(6.4)式の被積分関数は

$$\frac{1}{\rho}=\frac{1}{\sqrt{r^2+r'^2-2rr'\cos\phi}}=\frac{1}{r}\left\{1+\left(\frac{r'}{r}\right)^2-2\frac{r'}{r}\cos\phi\right\}^{-\frac{1}{2}} \tag{8.1}$$

と表される．ここで，$\left|\dfrac{r'}{r}\right|\ll 1$ であるから

$$x=\left(\frac{r'}{r}\right)^2-2\frac{r'}{r}\cos\phi$$

と置くと，(8.1)式最右辺の中括弧部分は $(1+x)^{-\frac{1}{2}}$ となり，このとき $|x|\ll 1$ とみなせるのでこれは二項定理で展開できて，

$$(1+x)^{-\frac{1}{2}}=1-\frac{1}{2}x+\frac{3}{8}x^2-\frac{15}{48}x^3+\frac{105}{384}x^4$$
$$-\cdots+(-1)^n\frac{1\cdot3\cdot5\cdots(2n-1)}{2\cdot4\cdot6\cdots(2n)}x^n\pm\cdots \tag{8.2}$$

となる．したがって，上式から

$$x^2=\left(\frac{r'}{r}\right)^4-4\left(\frac{r'}{r}\right)^3\cos\phi+4\left(\frac{r'}{r}\right)^2\cos^2\phi$$

$$x^3=\left(\frac{r'}{r}\right)^6-6\left(\frac{r'}{r}\right)^5\cos\phi+12\left(\frac{r'}{r}\right)^4\cos^2\phi-8\left(\frac{r'}{r}\right)^3\cos^3\phi$$

$$x^4=\left(\frac{r'}{r}\right)^8-8\left(\frac{r'}{r}\right)^7\cos\phi+24\left(\frac{r'}{r}\right)^6\cos^2\phi-32\left(\frac{r'}{r}\right)^5\cos^3\phi+16\left(\frac{r'}{r}\right)^4\cos^4\phi$$

1) p. 102 を参照.

となるから，これらの式を(8.2)式に代入すれば

$$\left\{1+\left(\frac{r'}{r}\right)^2-2\frac{r'}{r}\cos\phi\right\}^{-\frac{1}{2}}=1-\frac{1}{2}\left\{\left(\frac{r'}{r}\right)^2-2\frac{r'}{r}\cos\phi\right\}$$

$$+\frac{3}{8}\left\{\left(\frac{r'}{r}\right)^4-4\left(\frac{r'}{r}\right)^3\cos\phi+4\left(\frac{r'}{r}\right)^2\cos^2\phi\right\}$$

$$-\frac{15}{48}\left\{\left(\frac{r'}{r}\right)^6-6\left(\frac{r'}{r}\right)^5\cos\phi\right.$$

$$\left.+12\left(\frac{r'}{r}\right)^4\cos^2\phi-8\left(\frac{r'}{r}\right)^3\cos^3\phi\right\}$$

$$+\frac{105}{384}\left\{\left(\frac{r'}{r}\right)^8-8\left(\frac{r'}{r}\right)^7\cos\phi+24\left(\frac{r'}{r}\right)^6\cos^2\phi\right.$$

$$\left.-32\left(\frac{r'}{r}\right)^5\cos^3\phi+16\left(\frac{r'}{r}\right)^4\cos^4\phi\right\}-\cdots$$

を得る．ここで，この式の右辺を $\dfrac{r'}{r}$ の昇冪の順に整理してみると

$$\left\{1+\left(\frac{r'}{r}\right)^2-2\frac{r'}{r}\cos\phi\right\}^{-\frac{1}{2}}=1+\frac{r'}{r}\cos\phi+\left(\frac{r'}{r}\right)^2\left(-\frac{1}{2}+\frac{3}{2}\cos^2\phi\right)$$

$$+\left(\frac{r'}{r}\right)^3\left(-\frac{3}{2}\cos\phi+\frac{5}{2}\cos^3\phi\right)$$

$$+\left(\frac{r'}{r}\right)^4\left(\frac{3}{8}-\frac{15}{4}\cos^2\phi+\frac{35}{8}\cos^4\phi\right)+\cdots$$

のようになり，$\dfrac{r'}{r}$ の冪乗の係数は(7.19)式からルジャンドル多項式になっていることがわかる．したがって，上式はルジャンドル多項式を使って

$$\left\{1+\left(\frac{r'}{r}\right)^2-2\frac{r'}{r}\cos\phi\right\}^{-\frac{1}{2}}=1+\frac{r'}{r}P_1(\cos\phi)+\left(\frac{r'}{r}\right)^2P_2(\cos\phi)$$

$$+\left(\frac{r'}{r}\right)^3P_3(\cos\phi)+\left(\frac{r'}{r}\right)^4P_4(\cos\phi)+\cdots$$

$$=\sum_{n=0}^{\infty}\left(\frac{r'}{r}\right)^nP_n(\cos\phi) \tag{8.3}$$

と表される．よって，(8.3)式を(8.1)式に代入すれば，

$$\frac{1}{\rho} = \frac{1}{\sqrt{r^2+r'^2-2rr'\cos\phi}} = \sum_{n=0}^{\infty}\frac{r'^n}{r^{n+1}}P_n(\cos\phi) \tag{8.4}$$

の関係が得られる．

(8.3)式で，$\cos\phi = s$，$\dfrac{r'}{r} = t$ と置くとき $|t| < 1$ であるから，(8.3)式は

$$\frac{1}{\sqrt{1-2st+t^2}} = \sum_{n=0}^{\infty} t^n P_n(s) \tag{8.5}$$

と表される．すなわち，ルジャンドル多項式 $P_n(s)$ は，関数 $\dfrac{1}{\sqrt{1-2st+t^2}}$ を t の負でない整数の冪級数に展開したときの t^n の係数になっている．このようなことから，(8.5)式の左辺を**ルジャンドル多項式の母関数**(generating function of Legendre polynomials)と呼ぶ．

8.2 ルジャンドル多項式の漸化式

次に，(8.5)式から導かれるルジャンドル多項式の漸化式を求めてみよう．まず，(8.5)式を t で微分した後，その両辺に因数 $(1-2st+t^2)$ を掛けると

$$\frac{s-t}{\sqrt{1-2st+t^2}} = (1-2st+t^2)\sum_{n=0}^{\infty} nt^{n-1}P_n(s)$$

となる．したがって，上式の左辺に(8.5)式を適用すれば

$$(s-t)\sum_{n=0}^{\infty} t^n P_n(s) = (1-2st+t^2)\sum_{n=0}^{\infty} nt^{n-1}P_n(s)$$

が得られ，この式を展開すれば

$$\begin{aligned}&(s-t)\{P_0(s)+tP_1(s)+\cdots+t^{n-1}P_{n-1}(s)+\cdots\}\\ &\quad = (1-2st+t^2)\{P_1(s)+2tP_2(s)\\ &\qquad +\cdots+(n-1)t^{n-2}P_{n-1}(s)+nt^{n-1}P_n(s)+(n+1)t^nP_{n+1}(s)+\cdots\},\end{aligned}$$

つまり

$$\begin{aligned}&sP_0(s)+stP_1(s)+\cdots+st^{n-1}P_{n-1}(s)+st^nP_n(s)+\cdots-tP_0(s)-t^2P_1(s)\\ &\qquad -\cdots-t^nP_{n-1}(s)-t^{n+1}P_n(s)-\cdots\end{aligned}$$

$$
\begin{aligned}
&= P_1(s)+2tP_2(s)+\cdots+(n-1)t^{n-2}P_{n-1}(s)+nt^{n-1}P_n(s) \\
&\quad +(n+1)t^nP_{n+1}(s)+\cdots-2stP_1(s)-4st^2P_2(s) \\
&\quad -\cdots-2s(n-1)t^{n-1}P_{n-1}(s)-2snt^nP_n(s)-2s(n+1)t^{n+1}P_{n+1}(s) \\
&\quad -\cdots+t^2P_1(s)+2t^3P_2(s)+\cdots+(n-1)t^nP_{n-1}(s)+nt^{n+1}P_n(s) \\
&\quad +(n+1)t^{n+2}P_{n+1}(s)+\cdots
\end{aligned}
$$

となるので，この式の両辺の t^n の項と定数項を比較すれば漸化式

$$
(n+1)P_{n+1}(s)-(2n+1)sP_n(s)+nP_{n-1}(s)=0 \qquad (n=1,2,\cdots) \tag{8.6a}
$$

$$
P_1(s)-sP_0(s)=0 \tag{8.6b}
$$

が得られる．ここで，(8.6a)式は $P_{n-1}(s)$ と $P_n(s)$ を知って高次の $P_{n+1}(s)$ を求めるときに便利である．

また，(8.5)式を s で微分した後，その両辺に因数 $(1-2st+t^2)$ を掛けると

$$
\frac{t}{\sqrt{1-2st+t^2}} = (1-2st+t^2)\sum_{n=0}^{\infty} t^n \frac{dP_n(s)}{ds}
$$

となるから，上式の左辺に(8.5)式を適用すれば

$$
t\sum_{n=0}^{\infty} t^n P_n(s) = (1-2st+t^2)\sum_{n=0}^{\infty} t^n \frac{dP_n(s)}{ds}
$$

となる．この式を展開すれば

$$
\begin{aligned}
&tP_0(s)+t^2P_1(s)+\cdots+t^nP_{n-1}(s)+t^{n+1}P_n(s)+\cdots \\
&= \frac{dP_0(s)}{ds}+t\frac{dP_1(s)}{ds}+t^2\frac{dP_2(s)}{ds}+\cdots+t^n\frac{dP_n(s)}{ds}+t^{n+1}\frac{dP_{n+1}(s)}{ds} \\
&\quad +\cdots-2st\frac{dP_0(s)}{ds}-2st^2\frac{dP_1(s)}{ds}-\cdots-2st^{n+1}\frac{dP_n(s)}{ds} \\
&\quad -2st^{n+2}\frac{dP_{n+1}(s)}{ds}-\cdots+t^2\frac{dP_0(s)}{ds} \\
&\quad +\cdots+t^{n+1}\frac{dP_{n-1}(s)}{ds}+t^{n+2}\frac{dP_n(s)}{ds}+t^{n+3}\frac{dP_{n+1}(s)}{ds}+\cdots
\end{aligned}
$$

となるので，この式の両辺の t^{n+1} の係数を比較すれば

$$P_n(s) = \frac{dP_{n+1}(s)}{ds} - 2s\frac{dP_n(s)}{ds} + \frac{dP_{n-1}(s)}{ds} \qquad (n = 1, 2, \cdots) \quad (8.7)$$

を得る．

次に，(8.6a)式を s で微分すると

$$(n+1)\frac{dP_{n+1}(s)}{ds} - (2n+1)P_n(s) - (2n+1)s\frac{dP_n(s)}{ds} + n\frac{dP_{n-1}(s)}{ds} = 0$$

となるから，この式と(8.7)式 $\times(n+1)$ とした式から $(n+1)\dfrac{dP_{n+1}(s)}{ds}$ を消去すれば

$$s\frac{dP_n(s)}{ds} - \frac{dP_{n-1}(s)}{ds} = nP_n(s) \qquad (n = 1, 2, \cdots) \qquad (8.8)$$

を，また，(8.7)式 $\times n$ とした式から $n\dfrac{dP_{n-1}(s)}{ds}$ を消去すれば

$$\frac{dP_{n+1}(s)}{ds} - s\frac{dP_n(s)}{ds} = (n+1)P_n(s) \qquad (n = 1, 2, \cdots) \qquad (8.9)$$

を得る．

したがって，(8.8)式と(8.9)式とから $s\dfrac{dP_n(s)}{ds}$ を消去すれば

$$\frac{dP_{n+1}(s)}{ds} - \frac{dP_{n-1}(s)}{ds} = (2n+1)P_n(s) \qquad (n = 1, 2, \cdots) \qquad (8.10)$$

を得る．

こうして得られた(8.6)式～(8.10)式を，**ルジャンドル多項式の漸化式**(recurrence relations for Legendre's polynomials)と称する．

8.3 ルジャンドル多項式の直交性

1.3節でも述べたが，一般に，n, m を整数とするとき，二つの実数値関数 $f_n(x)$ と $f_m(x)$ において

$$\int_a^b f_n(x) f_m(x) dx = 0 \qquad (m \neq n) \qquad (8.11)$$

ならば，関数 $f_n(x)$ と $f_m(x)$ は区間 $a \leqq x \leqq b$ で直交するという．ここでは，ルジャンドル多項式の直交性について考えてみる．

ルジャンドル多項式 $P_n(s)$ と $P_m(s)$ はそれぞれルジャンドルの微分方程式

$$\frac{d}{ds}\left\{(1-s^2)\frac{dP_n(s)}{ds}\right\}+n(n+1)P_n(s)=0 \tag{8.12a}$$

$$\frac{d}{ds}\left\{(1-s^2)\frac{dP_m(s)}{ds}\right\}+m(m+1)P_m(s)=0 \tag{8.12b}$$

を満足する．そこで(8.12a)式に $-P_m(s)$ を掛けてから左辺の第1項を右辺に移項した後に s で -1 から 1 まで積分するのであるが，その際に部分積分を利用すると

$$-n(n+1)\int_{-1}^{1}P_n(s)P_m(s)ds=\int_{-1}^{1}\frac{d}{ds}\left\{(1-s^2)\frac{dP_n(s)}{ds}\right\}P_m(s)ds$$

$$=\left[(1-s^2)\frac{dP_n(s)}{ds}P_m(s)\right]_{-1}^{1}-\int_{-1}^{1}(1-s^2)\frac{dP_n(s)}{ds}\frac{dP_m(s)}{ds}ds$$

となる．ここで，上式の右辺の第1項は $(1-s^2)$ なる因数を含むので 0 となるから，つまりは，第2項だけが残ることになり，

$$-n(n+1)\int_{-1}^{1}P_n(s)P_m(s)ds=-\int_{-1}^{1}(1-s^2)\frac{dP_n(s)}{ds}\frac{dP_m(s)}{ds}ds$$

が得られる．同様に，(8.12b)式に $-P_n(s)$ を掛けて -1 から 1 まで積分すれば

$$-m(m+1)\int_{-1}^{1}P_m(s)P_n(s)ds=-\int_{-1}^{1}(1-s^2)\frac{dP_m(s)}{ds}\frac{dP_n(s)}{ds}ds$$

を得る．したがって，これらの式を辺々引き算すると

$$\{m(m+1)-n(n+1)\}\int_{-1}^{1}P_n(s)P_m(s)ds=0,$$

つまり

$$(m-n)(m+n+1)\int_{-1}^{1}P_n(s)P_m(s)ds=0$$

となるから，$m\neq n$ ならば

$$\int_{-1}^{1} P_n(s)P_m(s)ds = 0 \tag{8.13a}$$

が得られる．これは，$m \neq n$ ならば，二つの関数 $P_n(s)$ と $P_m(s)$ は区間 $-1 \leqq s \leqq 1$ で直交することを示している．

また，(6.41a)式を思い起こすと，(8.13a)式は

$$\int_{0}^{\pi} P_n(\cos\theta)P_m(\cos\theta)\sin\theta d\theta = 0 \tag{8.13b}$$

とも表される．

次に，$m = n$ の場合を考えよう．それにはルジャンドル多項式の母関数が利用できる．すなわち，(8.5)式の両辺を2乗して s で -1 から1まで積分すれば

$$\int_{-1}^{1} \frac{ds}{1-2st+t^2} = \sum_{n=0}^{\infty} t^{2n} \int_{-1}^{1} \{P_n(s)\}^2 ds \tag{8.14}$$

となる．ここで，左辺の積分を実行するために新たに $z = 1-2st+t^2$ と置いてみると

$$ds = -\frac{dz}{2t}, \qquad z = \begin{cases} (1-t)^2 & (s=1) \\ (1+t)^2 & (s=-1) \end{cases}$$

であるから，

$$\int_{-1}^{1} \frac{ds}{1-2st+t^2} = \frac{1}{2t}\int_{(1-t)^2}^{(1+t)^2} \frac{dz}{z} = \frac{1}{t}\ln\frac{1+t}{1-t} \tag{8.15}$$

を得る．

ところで，対数関数 $\ln(1+x)$（ただし，$x > -1$）の展開式を考えてみよう．この関数は x で微分してみればわかるように，積分

$$\int_{0}^{x} \frac{dz}{1+z}$$

から得られる．そこで，$|z| < 1$ であるとしてこの被積分関数を無限等比級数で表してみると

$$\frac{1}{1+z} = \frac{1}{1-(-z)} = 1+(-z)+(-z)^2+(-z)^3+(-z)^4+\cdots$$

$$= 1-z+z^2-z^3+z^4-\cdots$$

となるから，この式を上式に代入して項別に積分を実行すれば，

$$\ln(1+x) = \int_0^x \frac{dz}{1+z} = \int_0^x (1-z+z^2-z^3+z^4-\cdots)dz$$

$$= x-\frac{1}{2}x^2+\frac{1}{3}x^3-\frac{1}{4}x^4+\frac{1}{5}x^5-\cdots$$

$$= \sum_{n=1}^{\infty}(-1)^{n-1}\frac{x^n}{n} \qquad (|x|<1) \tag{8.16}$$

となる．ここで，x を $-x$ で置き換えれば

$$\ln(1-x) = \sum_{n=1}^{\infty}(-1)^{n-1}\frac{(-x)^n}{n} = -\sum_{n=1}^{\infty}\frac{x^n}{n} \qquad (|x|<1) \tag{8.17}$$

を得る．したがって，$|x|<1$ であるとき，(8.16)式と(8.17)式の差をとることから

$$\ln\frac{1+x}{1-x} = x-\frac{1}{2}x^2+\frac{1}{3}x^3-\frac{1}{4}x^4+\frac{1}{5}x^5$$

$$-\cdots-\left(-x-\frac{1}{2}x^2-\frac{1}{3}x^3-\frac{1}{4}x^4-\frac{1}{5}x^5-\cdots\right)$$

$$= 2\left(x+\frac{x^3}{3}+\frac{x^5}{5}+\frac{x^7}{7}+\cdots\right) = 2x\sum_{n=0}^{\infty}\frac{x^{2n}}{2n+1} \tag{8.18}$$

が得られる．

しかるに，(8.14)式，(8.15)式と(8.18)式を組み合わせることにより

$$2\sum_{n=0}^{\infty}\frac{t^{2n}}{2n+1} = \sum_{n=0}^{\infty}t^{2n}\int_{-1}^{1}\{P_n(s)\}^2 ds$$

となるから，これより

$$\int_{-1}^{1}\{P_n(s)\}^2 ds = \frac{2}{2n+1} \tag{8.19a}$$

を得る．

これはまた，(6.41a, b)式を用いると

$$\int_0^{\pi} \{P_n(\cos\theta)\}^2 \sin\theta d\theta = \frac{2}{2n+1} \tag{8.19b}$$

のようにも表される．

8.4 ルジャンドル陪関数の漸化式

(7.26)式の両辺に $(2n+1)s$ を掛けると

$$(2n+1)sP_n^m(s) = (2n+1)(1-s^2)^{\frac{m}{2}} s \frac{d^m}{ds^m} P_n(s) \tag{8.20}$$

を得る．

ところで，(7.7)式で $u^n = P_n(s)$，$u = s$ と置けば，(7.7)式は

$$\frac{d^{n+1}}{ds^{n+1}}\{sP_n(s)\} = s\frac{d^{n+1}P_n(s)}{ds^{n+1}} + (n+1)\frac{d^n P_n(s)}{ds^n}$$

と書けるから，ここでさらに $n+1$ を m と置きなおせば，上式は

$$\frac{d^m}{ds^m}\{sP_n(s)\} = s\frac{d^m P_n(s)}{ds^m} + m\frac{d^{m-1}P_n(s)}{ds^{m-1}} \tag{8.21}$$

となる．

そこで，(8.20)式と(8.21)式から $s\dfrac{d^m P_n(s)}{ds^m}$ を消去すれば

$$\begin{aligned}
&(2n+1)sP_n^m(s) \\
&\quad = (2n+1)(1-s^2)^{\frac{m}{2}}\left[\frac{d^m}{ds^m}\{sP_n(s)\} - m\frac{d^{m-1}P_n(s)}{ds^{m-1}}\right] \\
&\quad = (1-s^2)^{\frac{m}{2}}\left[\frac{d^m}{ds^m}\{(2n+1)sP_n(s)\} - m\frac{d^{m-1}}{ds^{m-1}}\{(2n+1)P_n(s)\}\right]
\end{aligned}$$

を得る．この式に(8.6a)式と(8.10)式を利用すると

$$\begin{aligned}
(2n+1)sP_n^m(s) = (1-s^2)^{\frac{m}{2}}\Bigg[&\frac{d^m}{ds^m}\{(n+1)P_{n+1}(s) + nP_{n-1}(s)\} \\
&- m\frac{d^{m-1}}{ds^{m-1}}\left\{\frac{dP_{n+1}(s)}{ds} - \frac{dP_{n-1}(s)}{ds}\right\}\Bigg]
\end{aligned}$$

となるから，右辺第２項の微分を一つにまとめて第１項と整理すれば，上

式は

$$(2n+1)sP_n^m(s)$$
$$= (1-s^2)^{\frac{m}{2}}\left\{(n-m+1)\frac{d^mP_{n+1}(s)}{ds^m}+(n+m)\frac{d^mP_{n-1}(s)}{ds^m}\right\}$$

となる．したがって，上式の右辺に(7.26)式を適用すれば，上式は

$$(2n+1)sP_n^m(s) = (n-m+1)P_{n+1}^m(s)+(n+m)P_{n-1}^m(s) \tag{8.22}$$

となって，階数 m が一定値の場合の漸化式が得られる．

次に，次数が一定値であるときの漸化式を求めておこう．まず，(8.10)式を m 回微分すると

$$\frac{d^{m+1}P_{n+1}(s)}{ds^{m+1}}-\frac{d^{m+1}P_{n-1}(s)}{ds^{m+1}} = (2n+1)\frac{d^mP_n(s)}{ds^m}$$

となるから，この式の両辺に $(1-s^2)^{\frac{m+1}{2}}$ を掛けて(7.26)式を適用すると，上式は

$$P_{n+1}^{m+1}(s)-P_{n-1}^{m+1}(s) = (2n+1)\sqrt{1-s^2}\,P_n^m(s) \tag{8.23}$$

となる．

一方，(7.11)式を使って(7.24)式を書き換えると

$$(1-s^2)^{\frac{m+2}{2}}\frac{d^{m+2}P_n(s)}{ds^{m+2}}-2(m+1)s\frac{(1-s^2)^{\frac{m+1}{2}}}{\sqrt{1-s^2}}\frac{d^{m+1}P_n(s)}{ds^{m+1}}$$
$$+(n+m+1)(n-m)(1-s^2)^{\frac{m}{2}}\frac{d^mP_n(s)}{ds^m} = 0$$

となるから，この式に(7.26)式を適用すれば

$$P_n^{m+2}(s)-\frac{2(m+1)s}{\sqrt{1-s^2}}P_n^{m+1}(s)+(n+m+1)(n-m)P_n^m(s) = 0$$

となる．ここで m を $m-1$ に置き換えれば，

$$P_n^{m+1}(s)-\frac{2ms}{\sqrt{1-s^2}}P_n^m(s)+(n+m)(n-m+1)P_n^{m-1}(s) = 0 \tag{8.24}$$

を得る．これが，次数 n が一定値のときの漸化式である．

最後に，階数と次数がそれぞれ異なる値をもつときの漸化式を求めてお

こう．(8.24)式の両辺に $(2n+1)\sqrt{1-s^2}$ を掛けると，(8.24)式は

$$
(2n+1)\sqrt{1-s^2}P_n^{m+1}(s)-2m(2n+1)sP_n^m(s)
$$
$$
+(n+m)(n-m+1)(2n+1)\sqrt{1-s^2}P_n^{m-1}(s)=0
$$

と変形される．

一方，(8.23)式で m を $m-1$ に置き換えれば

$$
P_{n+1}^m(s)-P_{n-1}^m(s)=(2n+1)\sqrt{1-s^2}P_n^{m-1}(s)
$$

を得るので，この式と(8.22)式を使って上式から $P_n^m(s)$ と $P_n^{m-1}(s)$ を消去した式を求め整理すれば，

$$
(2n+1)\sqrt{1-s^2}P_n^{m+1}(s)+(n-m)(n-m+1)P_{n+1}^m(s)
$$
$$
-(n+m)(n+m+1)P_{n-1}^m(s)=0
$$

を得る．ここで，m を $m-1$ に置き換えると

$$
(2n+1)\sqrt{1-s^2}P_n^m(s)+(n-m+1)(n-m+2)P_{n+1}^{m-1}(s)
$$
$$
-(n+m)(n+m-1)P_{n-1}^{m-1}(s)=0 \tag{8.25}
$$

となる．これが目的の漸化式である．

以上に得られた(8.22)式～(8.25)式は，**ルジャンドル陪関数の漸化式** (recurrence relations for associated Legendre function) と呼ばれる．

8.5 ルジャンドル陪関数の直交性

ここでは8.3節と同様に，ルジャンドル陪関数の直交関係について考えてみよう．そのために，ルジャンドル陪関数 $P_l^m(s)$ と $P_n^m(s)$ において，次のような積分を考える．(7.26)式を考慮して部分積分を利用すれば

$$
\int_{-1}^{1}P_l^m(s)P_n^m(s)ds=\int_{-1}^{1}(1-s^2)^m\frac{d^mP_l(s)}{ds^m}\frac{d^mP_n(s)}{ds^m}ds
$$
$$
=\left[(1-s^2)^m\frac{d^{m-1}P_l(s)}{ds^{m-1}}\frac{d^mP_n(s)}{ds^m}\right]_{-1}^{1}
$$
$$
-\int_{-1}^{1}\frac{d^{m-1}P_l(s)}{ds^{m-1}}\frac{d}{ds}\left\{(1-s^2)^m\frac{d^mP_n(s)}{ds^m}\right\}ds
$$

$$= -\int_{-1}^{1} \frac{d^{m-1}P_l(s)}{ds^{m-1}} \frac{d}{ds}\left\{(1-s^2)^m \frac{d^m P_n(s)}{ds^m}\right\} ds \tag{8.26}$$

となる．

ところで，(7.23)式に -1 を掛けて(7.16)式を用いれば(7.23)式は

$$(1-s^2)\frac{d^{m+2}P_n(s)}{ds^{m+2}} - 2(m+1)s\frac{d^{m+1}P_n(s)}{ds^{m+1}} + (n-m)(n+m+1)\frac{d^m P_n(s)}{ds^m} = 0$$

と書き換えられる．ここで m を $m-1$ に置き換えれば，上式は

$$(1-s^2)\frac{d^{m+1}P_n(s)}{ds^{m+1}} - 2ms\frac{d^m P_n(s)}{ds^m} + (n+m)(n-m+1)\frac{d^{m-1}P_n(s)}{ds^{m-1}} = 0$$

となる．この式に $(1-s^2)^{m-1}$ を掛ければ

$$(1-s^2)^m\frac{d^{m+1}P_n(s)}{ds^{m+1}} - 2m(1-s^2)^{m-1}s\frac{d^m P_n(s)}{ds^m} + (n+m)(n-m+1)(1-s^2)^{m-1}\frac{d^{m-1}P_n(s)}{ds^{m-1}} = 0$$

が得られて，この式は

$$\frac{d}{ds}\left\{(1-s^2)^m\frac{d^m P_n(s)}{ds^m}\right\} = -(n+m)(n-m+1)(1-s^2)^{m-1}\frac{d^{m-1}P_n(s)}{ds^{m-1}} \tag{8.27}$$

のように書きなおせる．

したがって，(8.27)式を(8.26)式の最後の表示式に代入すれば

$$\int_{-1}^{1} P_l^m(s)P_n^m(s)ds = (n+m)(n-m+1)\int_{-1}^{1}(1-s^2)^{m-1}\frac{d^{m-1}P_l(s)}{ds^{m-1}}\frac{d^{m-1}P_n(s)}{ds^{m-1}}ds$$

$$
\begin{aligned}
&= (n+m)(n+m-1) \\
&\quad \times (n-m+1)(n-m+2)\int_{-1}^{1}(1-s^2)^{m-2}\frac{d^{m-2}P_l(s)}{ds^{m-2}}\frac{d^{m-2}P_n(s)}{ds^{m-2}}ds \\
&= \cdots\cdots\cdots\cdots\cdots\cdots\cdots\cdots\cdots\cdots\cdots\cdots \\
&= (n+m)(n+m-1)\cdots(n+2)(n+1) \\
&\quad \times (n-m+1)(n-m+2)\cdots(n-1)n\int_{-1}^{1}P_l(s)P_n(s)ds
\end{aligned}
$$

となるが，ここで

$$
(n+m)(n+m-1)\cdots(n+2)(n+1) = \frac{(n+m)!}{n!},
$$

$$
(n-m+1)(n-m+2)\cdots(n-1)n = \frac{n!}{(n-m)!}
$$

であることを考慮すると，上式は

$$
\int_{-1}^{1}P_l^m(s)P_n^m(s)ds = \frac{(n+m)!}{(n-m)!}\int_{-1}^{1}P_l(s)P_n(s)ds
$$

と整理される．ゆえに，(8.13a)式と(8.19a)式から

$$
\int_{-1}^{1}P_l^m(s)P_n^m(s)ds = \begin{cases} 0 & (l \neq n) \quad (8.28\text{a}) \\ \dfrac{2}{2n+1}\dfrac{(n+m)!}{(n-m)!} & (l = n) \quad (8.29\text{a}) \end{cases}
$$

あるいはまた，(6.41a, b)式を用いて

$$
\int_{0}^{\pi}P_l^m(\cos\theta)P_n^m(\cos\theta)\sin\theta\, d\theta
$$

$$
= \begin{cases} 0 & (l \neq n) \quad (8.28\text{b}) \\ \dfrac{2}{2n+1}\dfrac{(n+m)!}{(n-m)!} & (l = n) \quad (8.29\text{b}) \end{cases}
$$

を得る．これより，$l \neq n$ であるとき，二つのルジャンドル陪関数 $P_l^m(s)$ と $P_n^m(s)$ は区間 $-1 \leqq s \leqq 1$ で直交することがわかる．

8.6 ルジャンドル多項式の加法定理

(8.1)式中にある$\cos\phi$は，実用的見地からすると極座標の余緯度θ(通常は，これと余角をなす“緯度”を用いる)と経度λで表示することが要求される．このような問題に，例えば地球などの天体の重力ポテンシャルを求めるときなどに発生する．ここでは，ルジャンドル多項式をθとλで表すことを考えてみることにしよう．

最初に，準備として，三角関数の直交性に関する公式を導いておく．

まず，(8.11)式で，$f_n(x)=\cos nx$，$f_m(x)=\cos mx$とする場合を考えよう．

(1)　$m\neq n$のとき

$$\begin{aligned}\int_0^{2\pi}\cos nx\cos mx\,dx&=\frac{1}{2}\int_0^{2\pi}\{\cos(n-m)x+\cos(n+m)x\}dx\\&=\frac{1}{2}\left[\frac{\sin(n-m)x}{n-m}+\frac{\sin(n+m)x}{n+m}\right]_0^{2\pi}=0\end{aligned}\tag{8.30}$$

(2)　$m=n\neq 0$のとき

$$\int_0^{2\pi}\cos^2 nx\,dx=\frac{1}{2}\int_0^{2\pi}(1+\cos 2nx)dx=\frac{1}{2}\left[x+\frac{\sin 2nx}{2n}\right]_0^{2\pi}=\pi\tag{8.31}$$

(3)　$m=n=0$のとき

$$\int_0^{2\pi}1\times 1\,dx=\left[x\right]_0^{2\pi}=2\pi\tag{8.32}$$

次に，(8.11)式で，$f_n(x)=\sin nx$，$f_m(x)=\sin mx$とする場合を考える．

(4)　$m\neq n$のとき

$$\int_0^{2\pi} \sin nx \sin mx\,dx = \frac{1}{2}\int_0^{2\pi}\{\cos(n-m)x - \cos(n+m)x\}dx$$
$$= \frac{1}{2}\left[\frac{\sin(n-m)x}{n-m} - \frac{\sin(n+m)x}{n+m}\right]_0^{2\pi} = 0 \tag{8.33}$$

（5）　$m = n \neq 0$ のとき

$$\int_0^{2\pi} \sin^2 nx\,dx = \frac{1}{2}\int_0^{2\pi}(1-\cos 2nx)dx = \frac{1}{2}\left[x - \frac{\sin 2nx}{2n}\right]_0^{2\pi} = \pi \tag{8.34}$$

さらに，(8.11)式で，$f_n(x) = \cos nx$，$f_m(x) = \sin mx$ とする場合を考える．

（6）　$m \neq n$ のとき

$$\int_0^{2\pi} \cos nx \sin mx\,dx = \frac{1}{2}\int_0^{2\pi}\{\sin(n+m)x - \sin(n-m)x\}dx$$
$$= \frac{1}{2}\left[-\frac{\cos(n+m)x}{n+m} + \frac{\cos(n-m)x}{n-m}\right]_0^{2\pi} = 0 \tag{8.35}$$

（7）　$m = n \neq 0$ のとき

$$\int_0^{2\pi} \cos nx \sin nx\,dx = \frac{1}{2}\int_0^{2\pi} \sin 2nx\,dx = \frac{1}{2}\left[-\frac{\cos 2nx}{2n}\right]_0^{2\pi} = 0 \tag{8.36}$$

これで準備ができたので，ここでの本題に入ることにしよう．図8.1に示すように，図6.1[2]の線分OP, OP′が単位球面と交わる点をそれぞれE, E′とすると，その極座標はそれぞれ$\mathrm{E}(1, \theta, \lambda)$, $\mathrm{E}'(1, \theta', \lambda')$となるから，線分OP, OP′方向の単位ベクトル$\boldsymbol{e}, \boldsymbol{e}'$は，

2) p. 102を参照．

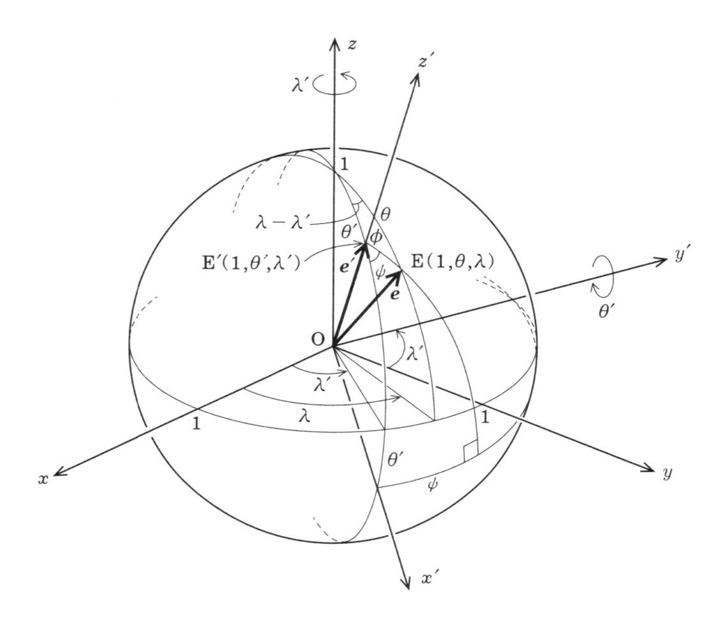

図 8.1　単位球面と直交座標および極座標の関係

$$\boldsymbol{e} = (\sin\theta\sin\lambda, \sin\theta\cos\lambda, \cos\theta),$$
$$\boldsymbol{e}' = (\sin\theta'\sin\lambda', \sin\theta'\cos\lambda', \cos\theta')$$

と表される．したがって，$\boldsymbol{e}$ と $\boldsymbol{e}'$ の成す角が ϕ であることに注意して $\boldsymbol{e}$ と $\boldsymbol{e}'$ の内積をとると

$$\begin{aligned}\cos\phi = \boldsymbol{e}\cdot\boldsymbol{e}' &= \sin\theta\sin\theta'(\sin\lambda\sin\lambda'+\cos\lambda\cos\lambda')+\cos\theta\cos\theta' \\ &= \cos\theta\cos\theta'+\sin\theta\sin\theta'\cos(\lambda-\lambda') \qquad (8.37)\end{aligned}$$

が得られる．この式は，**球面三角法の余弦公式**(cosine formula of spherical trigonometry)と呼ばれるものである．

(8.37)式からわかるように，$\cos\phi$ は θ, λ の関数であるから，任意の n 次の球面調和関数 $P_n(\cos\phi)$ は，(7.31)式より

$$P_n(\cos\phi) = A_{n0}P_n(\cos\theta) + \sum_{m=1}^{n}(A_{nm}\cos m\lambda + B_{nm}\sin m\lambda)P_n^m(\cos\theta) \tag{8.38}$$

のように書くことができる．このとき，(8.38)式の展開係数 A_{n0}, A_{nm}, B_{nm} を求めることを考えよう．

まず，(8.38)式の両辺を λ で0から 2π まで積分すると，

$$\begin{aligned}\int_0^{2\pi}P_n(\cos\phi)d\lambda &= \int_0^{2\pi}A_{n0}P_n(\cos\theta)d\lambda \\ &\quad + \int_0^{2\pi}\sum_{m=1}^{n}(A_{nm}\cos m\lambda + B_{nm}\sin m\lambda)P_n^m(\cos\theta)d\lambda \\ &= 2\pi A_{n0}P_n(\cos\theta) \\ &\quad + \sum_{m=1}^{n}\left(A_{nm}\int_0^{2\pi}\cos m\lambda d\lambda \right. \\ &\qquad \left. + B_{nm}\int_0^{2\pi}\sin m\lambda d\lambda\right)P_n^m(\cos\theta)\end{aligned}$$

となる．この式の右辺第1項以外は0になるので，ここから

$$\int_0^{2\pi}P_n(\cos\phi)d\lambda = 2\pi A_{n0}P_n(\cos\theta)$$

を得る．そこで，さらにこの両辺に $P_n(\cos\theta)\sin\theta$ を掛けて θ で0から π まで積分すれば，

$$\int_0^{\pi}\int_0^{2\pi}P_n(\cos\phi)P_n(\cos\theta)\sin\theta d\lambda d\theta = 2\pi A_{n0}\int_0^{\pi}\{P_n(\cos\theta)\}^2\sin\theta d\theta$$

となる．ここで積分の順序を入れ替え，さらに(8.19b)式を用いると，上式は

$$\int_0^{2\pi}\int_0^{\pi}P_n(\cos\phi)P_n(\cos\theta)\sin\theta d\theta d\lambda = 2\pi A_{n0}\frac{2}{2n+1}$$

となり，ここから

$$A_{n0} = \frac{2n+1}{4\pi}\int_0^{2\pi}\int_0^{\pi}P_n(\cos\phi)P_n(\cos\theta)\sin\theta d\theta d\lambda \tag{8.39}$$

が得られる．

次に，(8.38)式の両辺に $\cos l\lambda$ を掛けて λ で 0 から 2π まで積分すると，

$$\int_0^{2\pi} P_n(\cos\phi)\cos l\lambda\, d\lambda$$

$$= \int_0^{2\pi} A_{n0} P_n(\cos\theta)\cos l\lambda\, d\lambda$$

$$+ \int_0^{2\pi} \sum_{m=1}^{n} P_n^m(\cos\theta)(A_{nm}\cos m\lambda + B_{nm}\sin m\lambda)\cos l\lambda\, d\lambda$$

$$= A_{n0} P_n(\cos\theta) \int_0^{2\pi} \cos l\lambda\, d\lambda$$

$$+ \sum_{m=1}^{n} P_n^m(\cos\theta)\left(A_{nm}\int_0^{2\pi} \cos m\lambda \cos l\lambda\, d\lambda \right.$$

$$\left. + B_{nm}\int_0^{2\pi} \sin m\lambda \cos l\lambda\, d\lambda\right)$$

となる．ここで，右辺第1項は 0 になり，また，第 2 項以降は(8.30)式，(8.31)式と(8.35)式，(8.36)式を用いると第 2 項は $m = l \neq 0$ のとき以外はすべて 0，第 3 項はつねに 0 となるので，結局上式は

$$\int_0^{2\pi} P_n(\cos\phi)\cos l\lambda\, d\lambda = \pi A_{nl} P_n^l(\cos\theta)$$

となる．そこで，さらにこの両辺に $P_n^l(\cos\theta)\sin\theta$ を掛けて θ で 0 から π まで積分し，(8.29b)式を用いると

$$\int_0^{\pi}\int_0^{2\pi} P_n(\cos\phi) P_n^l(\cos\theta)\cos l\lambda \sin\theta\, d\lambda d\theta$$

$$= \pi A_{nl}\int_0^{\pi} \{P_n^l(\cos\theta)\}^2 \sin\theta\, d\theta = \pi A_{nl}\frac{2}{2n+1}\frac{(n+l)!}{(n-l)!}$$

となるから，ここで l を m に書き換えれば

$$A_{nm} = \frac{2n+1}{2\pi}\frac{(n-m)!}{(n+m)!}\int_0^{2\pi}\int_0^{\pi} P_n(\cos\phi) P_n^m(\cos\theta)\cos m\lambda \sin\theta\, d\theta d\lambda \tag{8.40}$$

が得られる．

つづいて，(8.38)式の両辺に $\sin l\lambda$ を掛けて λ で0から 2π まで積分すると，

$$\int_0^{2\pi} P_n(\cos\phi)\sin l\lambda\, d\lambda$$

$$= \int_0^{2\pi} A_{n0} P_n(\cos\theta)\sin l\lambda\, d\lambda$$

$$+ \int_0^{2\pi} \sum_{m=1}^{n} P_n^m(\cos\theta)(A_{nm}\cos m\lambda + B_{nm}\sin m\lambda)\sin l\lambda\, d\lambda$$

$$= A_{n0} P_n(\cos\theta)\int_0^{2\pi} \sin l\lambda\, d\lambda$$

$$+ \sum_{m=1}^{n} P_n^m(\cos\theta)\left(A_{nm}\int_0^{2\pi}\cos m\lambda \sin l\lambda\, d\lambda\right.$$

$$\left. + B_{nm}\int_0^{2\pi}\sin m\lambda \sin l\lambda\, d\lambda\right)$$

となる．ここで，右辺第1項は0になり，また，第2項以降は(8.35)式，(8.36)式と(8.33)式，(8.34)式を用いると第2項はつねに0となり，第3項は $m = l \neq 0$ のとき以外はすべて0となるから，上式は

$$\int_0^{2\pi} P_n(\cos\phi)\sin l\lambda\, d\lambda = \pi B_{nl} P_n^l(\cos\theta)$$

となる．そこで，さらにこの両辺に $P_n^l(\cos\theta)\sin\theta$ を掛けて θ で0から π まで積分し，(8.29b)式を用いると

$$\int_0^{\pi}\int_0^{2\pi} P_n(\cos\phi) P_n^l(\cos\theta)\sin l\lambda \sin\theta\, d\lambda d\theta$$

$$= \pi B_{nl}\int_0^{\pi} \{P_n^l(\cos\theta)\}^2 \sin\theta\, d\theta = \pi B_{nl}\frac{2}{2n+1}\frac{(n+l)!}{(n-l)!}$$

となるから，ここで l を m に書き換えれば

$$B_{nm} = \frac{2n+1}{2\pi}\frac{(n-m)!}{(n+m)!}\int_0^{2\pi}\int_0^{\pi} P_n(\cos\phi)P_n^m(\cos\theta)\sin m\lambda\sin\theta d\theta d\lambda$$

(8.41)

が得られる．

ところで，これまでの議論では二点 E, E′ を図 8.1 の z 軸を極軸とする極座標 $\mathrm{E}(1,\theta,\lambda)$ と $\mathrm{E}'(1,\theta',\lambda')$ で表示してきたが，今度は新たに z' 軸（図 6.1 の OP′ 方向）を極軸とする極座標を考えることにすると，点 E の極座標は $\mathrm{E}(1,\phi,\psi)$ と表されることになる．半径が任意の球面上で定義された球面調和関数を考えるとき，極座標の採り方はまったく任意であるから，任意の n 次の球面調和関数 $P_n(\cos\theta)$ は(8.38)式と同様に ϕ と ψ を使って

$$P_n(\cos\theta) = a_0 P_n(\cos\phi) + \sum_{m=1}^{n}(a_m\cos m\psi + b_m\sin m\psi)P_n^m(\cos\phi)$$

(8.42)

と書くことができる．そこで，$\theta\to\theta'$, $\lambda\to\lambda'$ の極限を考えるとき $\phi\to 0$ となるから，このとき(7.19)式より $P_n(\cos\phi)\to P_n(1)=1$，(7.26)式より $P_n^m(\cos\phi)\to P_n^m(1)=0$ であるから，(8.42)式は

$$a_0 = P_n(\cos\theta') \tag{8.43}$$

となる．

以上とまったく同様な議論により，二つの任意の n 次の球面調和関数 $P_n^m(\cos\theta)\cos m\lambda$ と $P_n^m(\cos\theta)\sin m\lambda$ は，それぞれ

$$P_n^m(\cos\theta)\cos m\lambda = a_0' P_n(\cos\phi) + \sum_{m=1}^{n}(a_m'\cos m\psi + b_m'\sin m\psi)P_n^m(\cos\phi)$$

(8.44)

$$P_n^m(\cos\theta)\sin m\lambda = a_0'' P_n(\cos\phi) + \sum_{m=1}^{n}(a_m''\cos m\psi + b_m''\sin m\psi)P_n^m(\cos\phi)$$

(8.45)

と書けることになる．上記と同様の極限操作をすれば，容易に

$$a_0' = P_n^m(\cos\theta')\cos m\lambda' \tag{8.46}$$

$$a_0'' = P_n^m(\cos\theta')\sin m\lambda' \tag{8.47}$$

を得ることができる．

ここでは，極軸を z' 軸とする場合を考えているので，極軸を z 軸とするときの極座標との対応は

$$\theta \Rightarrow \phi, \qquad \lambda \Rightarrow \psi \tag{8.48}$$

となるから，これを考慮して(8.42)式を(8.39)式に代入すれば，

$$A_{n0} = \frac{2n+1}{4\pi}\int_0^{2\pi}\int_0^{\pi} P_n(\cos\phi)$$

$$\times\left\{a_0 P_n(\cos\phi) + \sum_{m=1}^{n}(a_m \cos m\psi + b_m \sin m\psi)P_n^m(\cos\phi)\right\}\sin\phi\, d\phi d\psi$$

$$= \frac{2n+1}{4\pi}\left[a_0\int_0^{2\pi}\int_0^{\pi}\{P_n(\cos\phi)\}^2 \sin\phi\, d\phi d\psi\right.$$

$$\left. + P_n(\cos\phi)\sum_{m=1}^{n}\int_0^{2\pi}(a_m\cos m\psi + b_m \sin m\psi)d\psi\int_0^{\pi}P_n^m(\cos\phi)\sin\phi\, d\phi\right]$$

となる．ここで第2項は明らかに0となるから，第1項に(8.19b)式と(8.43)式を使えば，上式は

$$A_{n0} = \frac{2n+1}{4\pi}P_n(\cos\theta')\frac{2}{2n+1}2\pi = P_n(\cos\theta') \tag{8.49}$$

となる．同様に，(8.48)式を考慮して(8.44)式を(8.40)式に代入すると

$$A_{nm} = \frac{2n+1}{2\pi}\frac{(n-m)!}{(n+m)!}\int_0^{2\pi}\int_0^{\pi}P_n(\cos\phi)\left\{a_0' P_n(\cos\phi)\right.$$

$$\left. + \sum_{m=1}^{n}(a_m'\cos m\psi + b_m'\sin m\psi)P_n^m(\cos\phi)\right\}\sin\phi\, d\phi d\psi$$

$$= \frac{2n+1}{2\pi}\frac{(n-m)!}{(n+m)!}\left[a_0'\int_0^{2\pi}\int_0^{\pi}\{P_n(\cos\phi)\}^2\sin\phi\, d\phi d\psi\right.$$

$$\left. + P_n(\cos\phi)\sum_{m=1}^{n}\int_0^{2\pi}(a_m'\cos m\psi + b_m'\sin m\psi)d\psi\int_0^{\pi}P_n^m(\cos\phi)\sin\phi\, d\phi\right]$$

となるから，これに(8.46)式を代入して，

$$A_{nm} = \frac{2n+1}{2\pi}\frac{(n-m)!}{(n+m)!}P_n^m(\cos\theta')\cos m\lambda'\frac{2}{2n+1}2\pi$$

$$= 2\frac{(n-m)!}{(n+m)!}P_n^m(\cos\theta')\cos m\lambda' \tag{8.50}$$

を得る．

また，(8.48)式を考慮して(8.45)式を(8.41)式に代入すると

$$B_{nm} = \frac{2n+1}{2\pi}\frac{(n-m)!}{(n+m)!}\int_0^{2\pi}\int_0^{\pi}P_n(\cos\phi)\Big\{a_0''P_n(\cos\phi)$$

$$+\sum_{m=1}^{n}(a_m''\cos m\psi+b_m''\sin m\psi)P_n^m(\cos\phi)\Big\}\sin\phi\, d\phi d\psi$$

$$= \frac{2n+1}{2\pi}\frac{(n-m)!}{(n+m)!}\Big[a_0''\int_0^{2\pi}\int_0^{\pi}\{P_n(\cos\phi)\}^2\sin\phi\, d\phi d\psi$$

$$+P_n(\cos\phi)\sum_{m=1}^{n}\int_0^{2\pi}(a_m''\cos m\psi+b_m''\sin m\psi)d\psi\int_0^{\pi}P_n^m(\cos\phi)\sin\phi\, d\phi\Big]$$

となるから，これに(8.47)式を代入して，

$$B_{nm} = \frac{2n+1}{2\pi}\frac{(n-m)!}{(n+m)!}P_n^m(\cos\theta')\sin m\lambda'\frac{2}{2n+1}2\pi$$

$$= 2\frac{(n-m)!}{(n+m)!}P_n^m(\cos\theta')\sin m\lambda' \tag{8.51}$$

を得る．

こうして得られた(8.49)式〜(8.51)式を(8.38)式に代入すれば，

$$P_n(\cos\phi) = P_n(\cos\theta)P_n(\cos\theta')$$

$$+2\sum_{m=1}^{n}\frac{(n-m)!}{(n+m)!}P_n^m(\cos\theta)P_n^m(\cos\theta')(\cos m\lambda\cos m\lambda'+\sin m\lambda\sin m\lambda')$$

$$= P_n(\cos\theta)P_n(\cos\theta')$$

$$+2\sum_{m=1}^{n}\frac{(n-m)!}{(n+m)!}P_n^m(\cos\theta)P_n^m(\cos\theta')\cos m(\lambda-\lambda') \tag{8.52}$$

が得られる．この式が求める具体的表示であって，**ルジャンドル多項式の加法定理**(addition theorem for Legendre polynomials)と呼ばれる．

第9章

不均質な天体の外部ポテンシャル

9.1 ラプラスの方程式の解を応用する方法

ここでは，ルジャンドル関数の応用として，地球のような不均質な天体の外部に生じる重力ポテンシャルを求めてみよう．このような問題は，古来，**ディリクレ問題**(Dirichlet problem)と呼ばれるが，これは球面上での値が指定されていて，球の外部では調和であって，無限遠で0になる関数を定めるという一種の境界値問題である．この問題のより厳密な表現は，天体の赤道半径を a とするとき，「$r \geqq a$，$0 \leqq \theta \leqq \pi$，$0 \leqq \lambda \leqq 2\pi$ の領域で，$\lim_{r \to a} U(r, \theta, \lambda) = U_0(\theta, \lambda)$ および $\lim_{r \to \infty} U(r, \theta, \lambda) = 0$ を満足する連続な球調和関数 $U(r, \theta, \lambda)$ を求めよ」ということになる．したがって，この問題の解としては，(7.32)式で境界条件：$\lim_{r \to \infty} U(r, \theta, \lambda) = 0$ より $A_n = 0$，さらに $B_n = a^{n+1}$ と置いて，

$$
\begin{aligned}
U(r, \theta, \lambda) &= \sum_{n=0}^{\infty} \left(\frac{a}{r}\right)^{n+1} \sum_{m=0}^{n} (A_{nm} \cos m\lambda + B_{nm} \sin m\lambda) P_n^m(\cos\theta) \\
&= \sum_{n=0}^{\infty} \left(\frac{a}{r}\right)^{n+1} A_{n0} P_n(\cos\theta) + \sum_{n=0}^{\infty} \left(\frac{a}{r}\right)^{n+1} \sum_{m=1}^{n} A_{nm} P_n^m(\cos\theta) \cos m\lambda \\
&\quad + \sum_{n=0}^{\infty} \left(\frac{a}{r}\right)^{n+1} \sum_{m=1}^{n} B_{nm} P_n^m(\cos\theta) \sin m\lambda
\end{aligned}
\tag{9.1}
$$

のように表すことができる．このとき，境界条件：$\lim_{r \to a} U(r, \theta, \lambda) = U_0(\theta, \lambda)$ を使うと，(9.1)式から

$$U_0(\theta, \lambda) = \sum_{n=0}^{\infty} \sum_{m=0}^{n} (A_{nm} \cos m\lambda + B_{nm} \sin m\lambda) P_n^m(\cos\theta)$$

$$= \sum_{n=0}^{\infty} A_{n0} P_n(\cos\theta) + \sum_{n=0}^{\infty} \sum_{m=1}^{n} A_{nm} P_n^m(\cos\theta) \cos m\lambda$$

$$+ \sum_{n=0}^{\infty} \sum_{m=1}^{n} B_{nm} P_n^m(\cos\theta) \sin m\lambda \tag{9.2}$$

が得られる．

この式で，右辺の展開係数 A_{n0}, A_{nm}, B_{nm} を求めるには，8.6 節と同様な計算を行えばよい．そこで，先ず(9.2)式の両辺を λ で 0 から 2π まで積分してみると

$$\int_0^{2\pi} U_0(\theta, \lambda) d\lambda = \int_0^{2\pi} \sum_{n=0}^{\infty} A_{n0} P_n(\cos\theta) d\lambda$$

$$+ \int_0^{2\pi} \sum_{n=0}^{\infty} \sum_{m=1}^{n} A_{nm} P_n^m(\cos\theta) \cos m\lambda \, d\lambda$$

$$+ \int_0^{2\pi} \sum_{n=0}^{\infty} \sum_{m=1}^{n} B_{nm} P_n^m(\cos\theta) \sin m\lambda \, d\lambda$$

となるが，右辺の第 2 項と第 3 項は 0 になるので，結局，上式は

$$\int_0^{2\pi} U_0(\theta, \lambda) d\lambda = 2\pi \sum_{n=0}^{\infty} A_{n0} P_n(\cos\theta)$$

のように簡単になる．

つづいて，この両辺に $P_l(\cos\theta) \sin\theta$ を掛けて θ で 0 から π まで積分すれば

$$\int_0^{2\pi} \int_0^{\pi} U_0(\theta, \lambda) P_l(\text{ccs}\,\theta) \sin\theta \, d\theta d\lambda = 2\pi A_{l0} \int_0^{\pi} \{P_l(\cos\theta)\}^2 \sin\theta \, d\theta$$

となるから，l を n に書き換え(8.19b)式を利用して

$$A_{n0} = \frac{2n+1}{4\pi} \int_0^{2\pi} \int_0^{\pi} U_0(\theta, \lambda) P_n(\cos\theta) \sin\theta \, d\theta d\lambda \tag{9.3}$$

が得られる．

次に，A_{nm} を決定するために(9.2)式の両辺に $\cos l\lambda$ を掛け，λ で 0 から 2π まで積分すると

$$\int_0^{2\pi} U_0(\theta,\lambda)\cos l\lambda\,d\lambda = \sum_{n=0}^{\infty} A_{n0}P_n(\cos\theta)\int_0^{2\pi}\cos l\lambda\,d\lambda$$
$$+\sum_{n=0}^{\infty}\sum_{m=1}^{n} A_{nm}P_n^m(\cos\theta)\int_0^{2\pi}\cos m\lambda\cos l\lambda\,d\lambda$$
$$+\sum_{n=0}^{\infty}\sum_{m=1}^{n} B_{nm}P_n^m(\cos\theta)\int_0^{2\pi}\sin m\lambda\cos l\lambda\,d\lambda$$

となる．この右辺第1項は明らかに0で，また，第3項は(8.35)式，(8.36)式からやはり0になるので，第2項に(8.30)式，(8.31)式を適用すれば

$$\int_0^{2\pi} U_0(\theta,\lambda)\cos l\lambda\,d\lambda = \sum_{n=0}^{\infty} A_{nl}P_n^l(\cos\theta)\int_0^{2\pi}\cos^2 l\lambda\,d\lambda$$
$$=\pi\sum_{n=0}^{\infty} A_{nl}P_n^l(\cos\theta)$$

となる．さらに，この両辺に $P_k^l(\cos\theta)\sin\theta$ を掛けて θ で 0 から π まで積分すれば

$$\int_0^{\pi}\int_0^{2\pi} U_0(\theta,\lambda)P_k^l(\cos\theta)\sin\theta\cos l\lambda\,d\lambda d\theta$$
$$=\pi\sum_{n=0}^{\infty} A_{nl}\int_0^{\pi} P_n^l(\cos\theta)P_k^l(\cos\theta)\sin\theta\,d\theta$$
$$=\pi A_{kl}\frac{2}{2k+1}\frac{(k+l)!}{(k-l)!}$$

となる．したがって，ここでの k を n に，l を m に書き換えて A_{nm} について解けば，

$$A_{nm} = \frac{2n+1}{2\pi}\frac{(n-m)!}{(n+m)!}\int_0^{\pi}\int_0^{2\pi} U_0(\theta,\lambda)P_n^m(\cos\theta)\sin\theta\cos m\lambda\,d\lambda d\theta \tag{9.4}$$

を得る．

同様にして，B_{nm} を求めれば，

$$B_{nm} = \frac{2n+1}{2\pi}\frac{(n-m)!}{(n+m)!}\int_0^{\pi}\int_0^{2\pi} U_0(\theta,\lambda)P_n^m(\cos\theta)\sin\theta\sin m\lambda\, d\lambda d\theta \tag{9.5}$$

のようになる.

ここで，$P_0(\cos\theta) = 1$，$P_1(\cos\theta) = \cos\theta$，さらに，$U_0(\theta,\lambda)$ は指定された値をもつことを考慮すると，(9.3)式～(9.5)式より

$$A_{00} = \frac{1}{4\pi}\int_0^{2\pi}\int_0^{\pi} U_0(\theta,\lambda)P_0(\cos\theta)\sin\theta\, d\theta d\lambda$$

$$= \frac{1}{4\pi}\int_0^{2\pi}\int_0^{\pi} U_0(\theta,\lambda)\sin\theta\, d\theta d\lambda = U_0(\theta,\lambda)$$

$$A_{10} = \frac{3}{4\pi}\int_0^{2\pi}\int_0^{\pi} U_0(\theta,\lambda)P_1(\cos\theta)\sin\theta\, d\theta d\lambda$$

$$= \frac{3}{4\pi}\int_0^{2\pi}\int_0^{\pi} U_0(\theta,\lambda)\cos\theta\sin\theta\, d\theta d\lambda = 0$$

であるから，(9.1)式は

$$\begin{aligned} U(r,\theta,\lambda) = \frac{aA_{00}}{r} &+ \frac{a}{r}\sum_{n=2}^{\infty}\left(\frac{a}{r}\right)^n A_{n0}P_n(\cos\theta) \\ &+ \frac{a}{r}\sum_{n=2}^{\infty}\left(\frac{a}{r}\right)^n \sum_{m=1}^{n} A_{nm}P_n^m(\cos\theta)\cos m\lambda \\ &+ \frac{a}{r}\sum_{n=2}^{\infty}\left(\frac{a}{r}\right)^n \sum_{m=1}^{n} B_{nm}P_n^m(\cos\theta)\sin m\lambda \end{aligned} \tag{9.6}$$

と書けることになる.

そこで，G を万有引力定数，M を天体の質量とするとき，

$$aA_{00} \equiv -GM, \qquad \frac{A_{n0}}{A_{00}} \equiv -J_n, \qquad \frac{A_{nm}}{A_{00}} \equiv C_{nm}, \qquad \frac{B_{nm}}{A_{00}} \equiv S_{nm} \tag{9.7}$$

のような量を定義すると，(9.6)式は

$$U(r,\theta,\lambda) = -\frac{GM}{r}\left\{1-\sum_{n=2}^{\infty} J_n\left(\frac{a}{r}\right)^n P_n(\cos\theta) + \sum_{n=2}^{\infty}\left(\frac{a}{r}\right)^n \sum_{m=1}^{n} P_n^m(\cos\theta)(C_{nm}\cos m\lambda + S_{nm}\sin m\lambda)\right\} \tag{9.8}$$

のように表される．これが求めていた天体の外部ポテンシャルの一般形で，右辺の第1項は中心力のポテンシャルを，それに続く最初の総和記号の部分は r, θ だけに，第2の総和記号の部分は r, θ, λ に依存したポテンシャルを表している．

そして，この式中にある係数 J_n, C_{nm}, S_{nm} の値は人工衛星の軌道運動の観測値から求められ，地球の場合のその幾つかを示すと表9.1のようになる．

表9.1　帯球，扇球，および縞球調和関数の係数

n	$J_n\times10^6$	n	m	$C_{nm}\times10^6$	$S_{nm}\times10^6$
2	1082.627	2	1	−0.0002414	0.001543
3	−2.532	2	2	1.574	−0.9038
4	−1.620	3	1	2.191	0.2687
5	−0.2271	3	2	0.3089	−0.2115
6	0.5408	3	3	0.1005	0.1972
7	−0.3522	4	1	−0.5088	−0.4491
8	−0.2033	4	2	0.07834	0.1482
9	−0.1164	4	3	0.05918	−0.01201
10	−0.2470	4	4	−0.003983	0.006526

9.2 ルジャンドル多項式の加法定理を応用する方法

(9.8)式を導く他の手立ては，ルジャンドル多項式の加法定理(8.52)式を(8.4)式に代入した後，さらにそれを(6.4)式に代入してから積分を実行するという方法である．すなわち，

$$U = -G\iiint_M \frac{d\sigma}{\sqrt{r^2+r'^2-2rr'\cos\phi}}$$

$$= \sum_{n=0}^{\infty}\Biggl[-\frac{P_n(\cos\theta)}{r^{n+1}}G\iiint_M r'^n P_n(\cos\theta')d\sigma$$

$$-\sum_{m=1}^{n}\frac{P_n^m(\cos\theta)}{r^{n+1}}\Biggl\{2\frac{(n-m)!}{(n+m)!}G\iiint_M r'^n P_n^m(\cos\theta')\cos m\lambda' d\sigma\cdot\cos m\lambda$$

$$-2\frac{(n-m)!}{(n+m)!}G\iiint_M r'^n P_n^m(\cos\theta')\sin m\lambda' d\sigma\cdot\sin m\lambda\Biggr\}\Biggr] \tag{9.9}$$

である．ここで，

$$a^{n+1}A_{n0} \equiv -G\iiint_M r'^n P_n(\cos\theta')d\sigma \tag{9.10}$$

$$a^{n+1}A_{nm} \equiv -2\frac{(n-m)!}{(n+m)!}G\iiint_M r'^n P_n^m(\cos\theta')\cos m\lambda' d\sigma \tag{9.11}$$

$$a^{n+1}B_{nm} \equiv -2\frac{(n-m)!}{(n+m)!}G\iiint_M r'^n P_n^m(\cos\theta')\sin m\lambda' d\sigma \tag{9.12}$$

を定義すると，(9.9)式は

$$U = \sum_{n=0}^{\infty}\Biggl\{\frac{a^{n+1}A_{n0}}{r^{n+1}}P_n(\cos\theta)$$

$$+\sum_{m=1}^{n}\frac{a^{n+1}P_n^m(\cos\theta)}{r^{n+1}}(A_{nm}\cos m\lambda+B_{nm}\sin m\lambda)\Biggr\} \tag{9.13}$$

となる．そして，さらに**力学的形状係数**(dynamical form factors)と呼ばれる地球の形に関係する定数

$$J_n \equiv -\frac{1}{Ma^n}\iint_M r'^n P_n(\cos\theta')d\sigma = \frac{aA_{n0}}{GM} \tag{9.14}$$

$$C_{nm} \equiv -\frac{aA_{nm}}{GM}, \qquad S_{nm} \equiv -\frac{aB_{nm}}{GM} \tag{9.15}$$

を導入すると，(9.13)式は

$$U=-\frac{GM}{r}\sum_{n=0}^{\infty}\left\{-J_n\left(\frac{a}{r}\right)^n P_n(\cos\theta)\right.$$
$$\left.+\left(\frac{a}{r}\right)^n\sum_{m=1}^{n}P_n^m(\cos\theta)\,(C_{nm}\cos m\lambda+S_{nm}\sin m\lambda)\right\} \tag{9.16}$$

となる．

ところで，(9.14)式から

$$J_0=-\frac{1}{M}\iiint_M P_0(\cos\theta')d\sigma=-1$$

であり，また，(9.11)式と(9.12)式から

$$A_{11}=B_{11}=0$$

である．さらに，地球の質量中心を原点としているから

$$\frac{1}{M}\iiint_M x'd\sigma=\frac{1}{M}\iiint_M y'd\sigma=\frac{1}{M}\iiint_M z'd\sigma=0$$

であるので，

$$J_1=-\frac{1}{Ma}\iiint_M r'\cos\theta'd\sigma=-\frac{1}{Ma}\iiint_M z'd\sigma=0$$

である．そして，慣性主軸を座標軸とすれば

$$A_{21}=G\iiint_M r'^2\sin\theta'\cos\theta'\cos\lambda'd\sigma=G\iiint_M z'x'\cos\lambda'd\sigma=0$$

$$B_{21}=G\iiint_M r'^2\sin\theta'\cos\theta'\sin\lambda'd\sigma=G\iiint_M z'x'\sin\lambda'd\sigma=0$$

である．

したがって，(9.16)式は

$$U=-\frac{GM}{r}\left\{1-\sum_{n=2}^{\infty}J_n\left(\frac{a}{r}\right)^n P_n(\cos\theta)\right.$$
$$\left.+\sum_{n=2}^{\infty}\left(\frac{a}{r}\right)^n\sum_{m=1}^{n}P_n^m(\cos\theta)\,(C_{nm}\cos m\lambda+S_{nm}\sin m\lambda)\right\}$$

となり，(9.8)式が得られるのである．

ここまでは，天体の質量分布が任意である最も一般的な場合を考えてきたが，地球のように回転楕円体で近似できるときには，その質量分布は z 軸に関して対称であると考えることができる．この場合，ポテンシャルは経度 λ に依存しなくなるので，これに関連する項は消滅してしまい，(9.8)式はもっと簡単に表されることになって，

$$U(r,\theta) = -\frac{GM}{r}\left\{1-\sum_{n=2}^{\infty} J_n\left(\frac{a}{r}\right)^n P_n(\cos\theta)\right\} \tag{9.17}$$

となる．これが軸対称天体の外部に生じるポテンシャルを表す式で，地球を回転楕円体で近似するとき，その周囲をまわる人工衛星の運動における軌道摂動の解析に利用される式である．

しかし，静止軌道をまわる静止衛星の運動では経度方向のポテンシャルの変化が無視できなくなるので，その軌道制御に必要な燃料の見積りの計算に(9.8)式が利用される．表 9.1 からわかるように，静止衛星に作用する経度方向の最大の摂動効果は C_{22} と S_{22} の組み合わせによるもので，この値を使って経度方向，つまり東西方向の軌道制御量が決定されることになる．

こうした軌道摂動や静止衛星の軌道制御などの詳細に関心をもたれる場合には，拙著『ミッション解析と軌道設計の基礎』(現代数学社，2014 年)の第 10 章〜第 12 章を参考にすると良いであろう．

参考文献

[1] 小平吉男：『物理数学 第 1 巻(復刻版)』，現代工学社(1974).
[2] 小平吉男：『物理数学 第 2 巻(復刻版)』，現代工学社(1974).
[3] 佐野静雄：『応用数学(復刻版)』，現代工学社(1973).
[4] 高橋健人：『新数学シリーズ 11 物理数学』，培風館(1958).
[5] George Arfken：*Mathematical Methods for Physicists*(second edition), Academic Press, 1970.
[6] E. クライツィグ(田島一郎，近藤次郎共訳)：『技術者のための高等数学 1　常微分方程式』，培風館(1965).
[7] E. クライツィグ(田島一郎，近藤次郎共訳)：『技術者のための高等数学 2　線形代数と応用解析』，培風館(1965).
[8] E. クライツィグ(田島一郎，近藤次郎共訳)：『技術者のための高等数学 3　偏微分方程式と複素関数論』，培風館(1965).
[9] スミルノフ：『高等数学教程 2 Ⅰ巻(第二分冊)』，共立出版(1976).
[10] スミルノフ：『高等数学教程 4 Ⅱ巻(第二分冊)』，共立出版(1976).
[11] スミルノフ：『高等数学教程 6 Ⅲ巻二部(第一分冊)』，共立出版(1976).
[12] スミルノフ：『高等数学教程 7 Ⅲ巻二部(第二分冊)』，共立出版(1976).
[13] 高木貞治：『解析概論(改訂第三版)』，岩波書店(1978).
[14] 三木忠夫：『応用数学講座第 8 巻　常微分方程式とその応用』，コロナ社(1967).
[15] 永宮健夫：『応用微分方程式論』，共立出版(1967).
[16] 野邑雄吉：『工学専攻者のための 応用数学』，内田老鶴圃(1970).
[17] H. マージナウ，G. M. マーフィー(佐藤次彦，国宗眞共訳)：『共立全書 501　物理と化学のための 数学Ⅰ，Ⅱ(改訂版)』，共立出版(1960).
[18] 小林正一，福地充：『共立全書 237　物理数学』，共立出版(1981).
[19] 小出昭一郎：『朝倉物理学講座 19　物理数学Ⅰ』，朝倉書店(1973).
[20] 戸田盛和：『理工系基礎の数学 6　特殊関数』，朝倉書店(1981).
[21] 藪下信：『数学ライブラリー 40　特殊関数とその応用』，森北出版(1975).
[22] 犬井鉄郎：『岩波全書 252　特殊関数』，岩波書店(1971).
[23] 野邑雄吉：『技術者のための 特殊関数とその応用』，日刊工業新聞社(1962).
[24] 宇野利雄，洪任植：『新数学シリーズ 21　ポテンシャル』，培風館(1961).
[25] 寺沢寛一：『自然科学者のための 数学概論(増補版)』，岩波書店(1967).
[26] 寺沢寛一：『自然科学者のための 数学概論(応用編)』，岩波書店(1980).
[27] 高橋秀俊：『線形分布定数系論』，岩波書店(1975).
[28] 有山正孝：『基礎物理学選書 8　振動・波動』，裳華房(1974).
[29] 坪井忠二：『振動論(復刻版)』，現代工学社(1973).
[30] B. ホフマン-ウェレンホフ，H. モーリッツ(西修二郎訳)：『物理測地学』，シュプリンガー・ジャパン(2006).
[31] 竹内均：『地球科学における諸問題』，裳華房(1977).

索引

【記号・アルファベット】

m 階 n 次の第１種ルジャンドル陪関数……130

m 階 n 次の第２種ルジャンドル陪関数……130

ν 次の第１種ベッセル関数……050

ν 次の第２種ベッセル関数……057

【あ行】

位数……031
ウォリスの公式……016
エネルギー積分……022
オイラーの公式……010
オイラーの定数……010

【か行】

階乗関数……006
ガウスの公式……008
ガンマ関数……004
球調和関数……103
球面三角形の余弦公式……150
球面調和関数……113
ケプラーの第１法則……025
ケプラーの第２法則……022
ケプラーの第３法則……027
ケプラーの方程式……027
縞球調和関数……134
勾配……101

【さ行】

真近点離角……025
スターリングの公式……019
扇球調和関数……132

【た行】

第１種ベッセル関数の漸化式……066
第１種変形ベッセル関数……073
第１種変形ベッセル関数の漸化式……081
第１種ルジャンドル関数……125
体球調和関数……110
帯球調和関数……125
第２種オイラー積分……004
第２種ベッセル関数の漸化式……068
第２種変形ベッセル関数……078
第２種変形ベッセル関数の漸化式……082
第２種ルジャンドル関数……128
直交性……013
ディリクレ問題……157

【な行】

ナブラ……100
ニュートンの万有引力の法則……100
ノイマン関数……057

【は行】

波動方程式……085
平均運動……028
平均近点離角……028
ベッセル関数……031
ベッセル関数の加法定理……064
ベッセル関数の母関数……061
ベッセル級数……072
ベッセル積分……031
ベッセルの微分方程式……045
変形ベッセルの微分方程式……073
ポテンシャル……101
ポテンシャル論……103

【ら行】

ラプラシアン……103
ラプラスの方程式……103
力学的形状係数……162
離心近点離角……028
ルジャンドル多項式……125
ルジャンドル多項式の加法定理……156
ルジャンドル多項式の漸化式……139
ルジャンドル多項式の母関数……137
ルジャンドルの陪微分方程式……114
ルジャンドルの微分方程式……117

ルジャンドル陪関数の漸化式……145
零点……071
ロドリゲスの公式……125
ロンメルの公式……071

【わ行】

ワイエルシュトラスの公式……010

半揚稔雄
はんよう・としお

1947年，九州生まれ．北海道札幌育ち．
東京大学大学院工学系研究科航空学専門課程博士課程修了，工学博士．
防衛大学校および東京大学宇宙航空研究所などで宇宙飛翔力学を研究．
現在，成蹊大学および神奈川大学非常勤講師．

著書に，
『ミッション解析と軌道設計の基礎』（現代数学社，2014年）
『入門 連続体の力学』（日本評論社，2017年）
『惑星探査機の軌道計算入門』（日本評論社，2017年）
がある．

つかえる特殊関数入門（とくしゅかんすうにゅうもん）

2018年9月20日　第1版第1刷発行

著者 ———— 半揚稔雄
発行者 ———— 串崎 浩
発行所 ———— 株式会社　日本評論社
〒170-8474　東京都豊島区南大塚3-12-4
電話　03-3987-8621［販売］
　　　03-3987-8599［編集］
印刷 ———— 株式会社　精興社
製本 ———— 井上製本所
装丁 ———— STUDIO POT（山田信也）

ISBN 978-4-535-78850-3